KB187190

그린북

그린북

초판 1쇄 인쇄	2009년 10월 26일
초판 1쇄 발행	2009년 11월 2일
지은이	엘리자베스 로저스 · 토머스 M. 코스티젠
옮긴이	김영석
펴낸이	김진수
펴낸곳	사문난적
편집	하지순
영업	임동건
기획위원	함성호 강정 곽재은 김창조 민병직 엄광현 이수철 이은정 이진명
출판등록	2008년 2월 29일 제 313-2008-00041호
주소	서울시 마포구 합정동 362-3번지
전화	편집 02-324-5342, 영업 02-324-5358
팩스	02-324-5388

ISBN 978-89-94122-10-6 03530

THE GREEN BOOK

엘리자베스 로저스 · 토머스 M. 코스티젠 지음 | 김영석 옮김

그린북

사문난적

차례 contents

들어가는 말

세 살짜리들처럼 우리는 질문을 계속 던졌다. 집 안에 있는 전등을 꺼야 하는 이유는 무엇인가? 폐기물을 재활용해야만 하는 까닭은? 왜 우리는 환경과 관련된 전 세계적 이상 현상을 인식함에 따라, 그 중대한 변화들에 대해 관심을 가져야만 하는가? 무엇 때문에 우리는 우리의 일상적인 삶의 현실을 고려하지 않는 환경주의자들의 무미건조하고 두루뭉술한 정보를 받아들여야 하는가? 무슨 이유로 아기의 기저귀가 우리가 살고 있는 이 세계를 파괴하고 있단 말인가?

그런 문제들에 대해 우리는 해답을 얻고 싶었다. 우리는 우리의 행동과 그런 행동이 초래하는 결과와의 관계를 알기 위하여 인터넷을 검색했다. 이를테면 우리가 사용하는 젓가락은 삼림 벌채와 관련되고, 집에 사 가지고 가는 요리에 젓가락 값이 포함되어 있다. 하지만 우리는 개인적인 행동이 어떤 차이를 불러오는지와 관련한 많은 문제들에 대한 해답을 알아낼 수 없을지도 모른다. 사실 그런 행동들은 적어도 우리의 가정에는 아무런 영향을 끼치지 않는다.

매주 인도에 비치된 쓰레기통까지 터벅터벅 걸어갈 때—재활용 쓰레기는 파란색 쓰레기통, 정원 쓰레기는 녹색 쓰레기통, 주방에서 나오는 쓰레기는 검은색 쓰레기통—그리고 이웃들이 같은 행동을 하는 것을 볼 때, 우리는 버릇처럼 우리가 훌륭한 시민이라는 것을 실감했다. 하지만 우리가 한 걸음 더 나아간 대책을 강구하고, 사람들에게 새로운 선택의 기회를 주고, 그들이 어떤 행동을 취해야 할지 설명해준다면 어떤 일이 일어날까? 무슨 까닭으로 사람들이 쓰레기를 분리해서 버리는 일이 이 세계에 중요한 영향을 끼치고 있다는 것인가?

1970년에 방송된 길가에 버려진 쓰레기를 보고 경악하는 아메리칸 인디언에 관한 유명한 텔레비전 광고 이후로 그에 대한 원인과 결과를 논하는 메시지나 캠페인이 지금까지 없다는 것은 쉽게 이해할 수 있는 일이다. 그 점이 우리가 《그린북》을 집필하게 된 이유이다.

이 책에서 우리는 우리의 행동과 그 행동의 결과가 무엇인가 하는 근본적인 관점에서 세상을 바라보았다. 그리고 그린북은 왜 우리의 행동이 이 행성에 중요한 역할을 하는지와 관련해 우리가 떠올릴 수 있는 모든 문제들에 해결 방안을 제공한다.

우리는 재미없고, 무미건조하며, 이해하기 어려운 그런 책은 저술하고 싶지 않았다. 대신에 쉽게 이해할 수 있고 누구나 수용할 수 있는 해결 방안을 찾고자 노력했다. 우리는 나무 위에 살고 있지도 않고 가정에 필요한 전력을 생산하기 위하여 벽장에 설치된 자전거를 타지도 않는다. 여러분도 그러리라 생각한다.

이 책은 이기적인 소비자로 남아 있으면서도 친환경적이고자 하는 우리의 소망에서 비롯되었다. 우리는 사람들이 이 같은 관점을 기대해왔다고 생각한다. 여기에 "왜?"라는 질문에 대한 수많은 해결책이 있다.

기본 개념

더 친환경적인 삶을 원하는 이들을 위한 출발점인 《그린북》에는 설명이 필요한 기본 용어들과 전문 용어들이 나온다. 우리는 쓰레기와 물, 에너지 그리고 시간을 절약할 수 있는 방법을 이 책에 분류해 담았다. 우리가 초점을 맞춘 이 분야들은 매우 광범위한데, 저마다 수많은 이슈들을 담고 있기 때문이다. 그리고 각각의 자구책은 우리가 살고 있는 세계에 매우 긍정적인 영향을 준다.

《그린북》에 담긴 중요한 항목들에 대한 설명과 정의는 다음과 같다.

킬로와트시(kWh)

일반적으로 전기·가스·수도 요금에 표기된 에너지의 단위로 우리가 사용하는 에너지 양을 나타낸다. 당연히 에너지 사용 요금도 나타낸다. 대개 전기 에너지나 천연가스 소비를 측정하는 데 사용된다.

킬로와트시의 중요성 전력을 생산하는 데 가장 많이 사용되는 것은 석탄이다. 석탄은 전기를 생산하는 발전기에 동력을 공급하는 증기를 만들어내는 데 연소된다. 따라서 전력을 많이 소비할 경우에 더 많은 석탄이 연소될 것이다. 몇몇 공익 사업단체가 전력 생산에 물이나 바람 또는 그 밖의 자원을 활용하고 있기는 하지만 말이다. 연소되는 석탄은 지구 온난화를 야기할 수 있는 탄소를 배출하고 환경을 오염시키는 중요한 원인이 된다.

매립지

쓰레기 수거장 혹은 잡동사니 처리장을 듣기 좋게 부르는 말이다.

`매립지의 중요성` 매립지는 자연 상태로 두거나 다른 용도로 사용할 수 있는 토지를 차지할 뿐만 아니라 지역 환경에 문제가 되는 공기 오염과 수질 오염을 일으킬 수 있다.

e폐기물

e폐기물은 용도 폐기된 전기 제품들을 의미한다.

`e폐기물의 중요성` 전기 제품들은 유해한 재료들로 만들어진 부품들을 쓰고 있어 폐기할 때 특히 주의해야 한다. 그렇지 않으면 유해한 화학 약품들이 지하수로 스며들거나 소각된 채로 남아 있거나 대기를 오염시킨다.

재활용

재활용을 하면 쓰레기가 될 뻔한 재료들이 새 제품으로 재가공된다. 따라서 그만큼 쓰레기를 줄일 수 있다. 재활용 재료들은 대개는 '소비되기 이전'의 재활용 생산물인데 베어낸 부스러기와 파편들로 생산된다. 소비된 이후의 재활용 재료들은 이미 사용하고 있던 것, 재가공된 것들로 생산된다.

`재활용의 중요성` 재활용을 하면 물건들을 생산할 때 사용되는 미가공 원료들에 대한 수요가 줄어든다. 그 결과 천연자원이 절약된다. 또 새 제품을 제조하려는 필요성을 감소시켜 에너지 절약에도 도움이 된다.

재생 가능한 자원

바람, 물, 나무, 태양 광선과 같이 계속 사용할 수 있는 천연자원이다.

`재생 가능한 자원의 중요성` 재생 가능한 자원은 영구히 고갈될 위험은 없다. 문제는 우리가 재생 가능한 자원들이 재생하는 것보다 빠르게, 그 자원을 사용하고 있다는 것이다.

재생 불가능한 자원들

우리가 소비하는 석유, 천연가스, 석탄과 같이 공급량이 한정적인 것들이다.

`재생 불가능한 자원의 중요성` 재생 불가능한 자원들은 언젠가는 고갈되고 만다. 따라서 모두 써버릴 경우에는 에너지 위기에 처할 수 있으

며, 대체 에너지원이나 해결 방안을 모색해야만 한다.

플라스틱

플라스틱은 여러 가지 형태로 생산되고 대개는 합성물질로 되어 있다. 그리고 그 주원료는 석유이다.

플라스틱의 중요성 폴리염화비닐 곧 PVC라고 불리는 일반적인 형태의 플라스틱들은 다른 플라스틱들보다 환경에 더 유해할 가능성이 크다. 더 유독한 재료들로 생산되기 때문이다. 따라서 이런 종류의 플라스틱은 소각될 때 유독한 가스를 배출하고 매립될 경우에 토지와 물을 오염시킬 수 있다.

오염

유해한 물질이 자연환경으로 유입되는 것을 말한다.

오염의 중요성 오염은 물, 공기와 토양을 더럽힐 수 있다. 오염 물질은 각종 질환과 질병을 야기하고 심지어 우리를 죽음으로 몰아갈 수도 있다.

지구 온난화

때때로 기후 변화로 일컫는 지구 온난화는 지구의 평균 온도가 상승하는 것이다.

지구 온난화의 중요성   지구 온난화는 해수면을 상승시키고, 폭풍과 기후 패턴을 강화시킬 수 있으며, 질병이 더 빠르게 전 지구적으로 퍼질 가능성을 증대시킨다.

폐기물

우리 모두가 원하지 않는 물질로 잡동사니, 쓰레기, 주방에서 나오는 찌꺼기나 폐품이다.

폐기물의 중요성 어떤 폐기물은 재생할 수 있고 재활용할 수 있다. 어떤 폐기물은 미생물에 의하여 무해한 물질로 분해된다. 곧 '자연적으로' 토양으로 돌아간다. 하지만 지속적으로 토양에 축적되는 폐기물도 있다. 폐기물을 철저하게 관리하지 않으면 토양은 그런 폐기물로 뒤덮일 수밖에 없다.

물

지구상의 물 중 3퍼센트만이 담수이고 나머지는 소금물이다.

마실 수 있는 담수 공급량은 점점 더 부족해지고 있다. 전 세계 인구의 20퍼센트만이 수돗물을 마시고 있고 10억 이상의 인구는 깨끗한 물을 확보하지 못하고 있다.

종이

종이는 대부분 펄프로 생산하는데, 펄프의 원료는 나무와 물이다.

종이는 가장 일반적인 폐기물이다. 종이의 상당량은 재활용 가능하지만 재가공하는 과정에 여전히 많은 에너지가 소비된다. 종이를 덜 쓰면 에너지, 나무, 물 그리고 제조 과정에서 필요한 화학 약품을 절감할 수 있다. 나무는 토양의 침식 작용을 막고, 공기로부터 탄소를 흡수하고 탄소를 우리가 호흡하는 산소로 전환시킬 수 있기 때문에 중요하다.

캐머런 디아즈와 윌리엄 맥도너의 머리말

    산들바람 부는 어느 따뜻한 날, 〈타임〉지의 '지구의 영웅' 상 수상자인 건축가 윌리엄 맥도너는 캐머런 디아즈의 로스앤젤레스 집을 방문했다. 《그린북》에 대하여, 그리고 '친환경'에 대한 인식, 이 세계에 관한 공통된 견해에 대하여 이야기를 나누기 위해서였다.

    윌리엄 맥도너 저는 도쿄에서 태어났습니다. 종이를 바른 문으로 둘러싸인 일본 주택에서 새벽 2시에 일본 요 위에 누워 뜰에서 흐르는 분수 소리와 잉어가 노니는 소리를 들었던 일이 기억납니다. 귀 기울이면 분뇨 운반차라는 차가 와서 변소에서 오물을 수거해 한밤중에 농장으로 떠나는 소리를 들을 수도 있었을 겁니다. 도시 전역에서 오물을 실어 나르는 수레들이 내는 소리를 들을 수 있었을지도 모르지요. 아침이면 모든 수레들이 두부를 싣고서 도시로 다시 돌아오는 소리를 들을지도 모릅니다. 두부는 아침 식사 때 먹지요. 그러니 '쓰레기로 배출되었던 것이 음식물로 되돌아온다는 사실'이 자연스레 떠오를 것입니다. 저는 그것이 바로 세상이 돌아가는 방식이라고 생각했어요. 쓰레기로 배출된 것이 음식물로 환원된다는 것.

    그 뒤에 저는 홍콩으로 갔습니다. 어떤 면에서 저는 미래에 살고 있었습니다. 400평방마일 면적에 인구 6백만이 거주하는 곳에서 살고 있었으니 말입니다. 금세기 중반의 도시들은 전망컨대 대규모의 담수량이 확보된 곳에 자리 잡을 것이고 인구 집중 현상이 놀라울 정도일 것입니다. 전 세계 인구의 80퍼센트와 전 세계 도시들의 80퍼센트는 이처럼 거대 도시에 편입될 전망입니다. 홍콩은 미래의 거대 도시였습니다. 그곳에서 사람들은 갖은 질병과 궁핍으로 죽어가고 있었습니다. 무서운 일이었지요. 이런 일은 공산주의자들이 중국을 지배하기 시작한 직후에 벌어졌고, 망명자들은 홍콩으로 탈출했습니다. 우리는 나흘에 4시간 정도만 물을 쓸 수 있었습니다. 그래서 물을 아껴야 한다는 생각이 제게는 부자연스럽지 않습니다. 이를 닦기 위하여 사흘간 아껴두었던 물 한 컵을 쓸 수 있었지요.

유년 시절 내내 그렇게 살았습니다. 조부모님들은 퓨젓 만에 있는 통나무 오두막집에서 살고 계셨는데, 굴을 양식하셨고, 퇴비를 만드셨지요. 또 알루미늄 포일을 재활용하셨고, 겨울에 먹을 채소를 창고에 저장하셨습니다. 그 무렵 저는 코네티컷 웨스트포트에 있는 공립 고등학교에 다녔는데, 아주 미국적이었어요. 전 당황했습니다. 사내 녀석들은 체육관에서 샤워기를 틀어놓고 나가버렸어요. 뜨거운 물을 틀어놓고 말이죠. 신경도 쓰지 않았지요. 그들은 바로 나가서는 차에 올라타 요란하게 사라졌습니다. 제 인생을 통틀어 그런 낭비는 본 적이 없습니다. 그 일로 저는 버림받은 사람이 되었습니다. 이유인즉 저는 고등학교에 다니고 있었고 이곳저곳 물을 잠그고 돌아다녔거든요. 다들 저를 좀 이상한 사람이라 여겼지요.

그 뒤에 저는 예일에 있었는데 1973년에 건축과 학생으로 대학원에 다녔습니다. 우리는 처음으로 석유 위기를 맞이했습니다. 그래서 갑자기 이런 식으로 되었지요. "잠깐만 기다려주시오, 우리는 지금 이 문제를 다루고 있습니다."

캐머런 디아즈 저희 할머니께선 집 뒤뜰에서 가축을 기르셨고 텃밭에 채소 따위를 심어 드셨습니다. 그리고 그런 일은 글렌데일 옆 밸리에서 시작되었지요. 지금은 그 옆에 캘리포니아 피자 키친 점포가 있어요. 지금과는 다른 시대였고, 사고방식도 달랐습니다. 할머니는 그곳에서 네 자녀들을 키우셨지요.

저는 할머니가 은박지와 비닐봉지를 재사용하시는 것을 보았습니다. 그분은 빵을 다 먹고 난 뒤에는 비닐봉지를 버리지 않고 다른 용도로 쓰셨어요. 또 고기 요리를 할 때 나오는 지방으로는 비누를 만드셨지요. 어떤 것도 쓰레기로 버리지 않았어요. 모든 것이 재사용되고 재활용되었습니다.

그런 일이 바로 지금 세대를 위한 일이라고 생각하지는 않습니다. 할머니의 삶은 진실로 환경 친화적이었지요. 그분은 땅에서 얻은 것을 전부 땅으로 되돌려주셨습니다. 그리고 자연으로 돌려보낸 모든 것을 다시 얻고자 하셨습니다. 그것은 끊임없이 반복되는 과정이었지요. 저는 그런 과정을 목격했고 할머니의 그런 생활 방식에서 많은 영향을 받았습니다. 어머니는 할머니의 그런 행동에 영향을 받았고 그것을 제게 물려주셨지요. 우리에겐 지금 그런 사례가 필요합니다.

저는 전에 한 번도 환경운동에 참여한 적이 없습니다. 환경운동이 무엇을 주장하는지, 또 어떤 식으로 주장하는지 알지 못했기 때문입니다. 저는 자기밖에 모르는 미국인입니다. 저는 그 무엇도 포기하고 싶지 않습니다. 그러나 동시에 저는 제가 근본적인 것들을 실천하고 있다는 것을 알게 되었습니다. 재활용을 하고 퇴비를 만들고 하이브리드 차 에너지를 절약하는 일 등을 다 포함해서 말이지요. 저는 그런 일들이 환경운동의 일부라는 사실을 알지 못한 채 그런 일들을 실천했습니다. 그 무렵 저는 환경운동이 주장하고 있는 바를 좀 더 자세히 듣기 시작했습니다. 제가 그런 방식을 고대하고 있었기 때문이지요. 저만을 위해서 했던 일보다 더 많은 일을 하고 싶었습니다. 다른 사람들이 더 많은 일을 할 수 있도록 돕고 싶었지요.

빌은 창의적인 사람입니다. 바로 그 점에 끌렸지요. 그의 생각들은 우리가 엄두도 낼 수 없는 거리감 있는 것들은 아닙니다. 모두 제가 납득할 수 있는 것들이었지요. 이런 방식이에요. 당신이 원하는 것은 좀 덜 나쁜 사람이 되는 것이 아니지요. 또 누군가에 의해 떠밀려서 행동하는 것을 원치 않을 것입니다. 당신은 생산적이기를 원합니다. 그리고 그것이 바로 당신이 일을 하는 방식이지요. 사람들로 하여금 반응하도록 만드는 것이 바로 그것입니다. 그것은 모든 것을 준비하는 것이 아닙니다. 그것은 무언가를 더 나은 것으로 창조하고자 하는 것에 관한 것입니다. 제가 생각하는 것은 사람을 감동시키는 일이고 저를 환경운동에 끌어들였던 그 무엇입니다. 지금 당장 모든 해법을 가진 사람은 없습니다. 그렇지만 매일 우리는 또 다른 해결책에 접근하고 있습니다. 그것이 모든 것에 대한 해결책일 수는 없을 것입니다. 그런 해결 방안은 나오지 않을 테니까요. 모든 것을 개선시킬 수 있는 단 하나의 해결책이란 없습니다. 그것은 쓸모 있는 최선의 선택들을 하는 일입니다.

오늘날 우리가 소유하고 있는 것들은 얼마나 오래 걸려 생산된 것인지요. 또 우리는 그 모든 일들을 능률적이고, 생산적이며, 질적으로 해내고 있지요. 우리 미국인들은 그런 것들을 낙으로 삼고 있고 그런 것들을 이용할 수 있기를 기대하고 있습니다. 우리는 훌륭하게 그 일을 해내고 있는 중입니다. 우리는 유리한 상황에 있습니다. 삶이 흥미진진한 시대이지요. 우리가 올바르게 행동한다면, 우리는 우리의 생활양식을 유지하고 이 세계를 건강하게 보존하는 방법에 대해 생각해볼 수 있습니다. 그리고 제가 원하는 바가 바로 이것입니다. 저는 바니 러블처럼 제 차를 밀면서 맨발로 달리고 싶지는 않습니다. 석기 시대로 되돌아가는 것을 원하는 게 아닙니다. 저는 오랫동안, 가능하다면 영원히 우리가 소유하고 있는 것을 보존하기를 원합니다. 그것은 얼마나 기분 좋은 일인가요? 저는 매우 이기적인 사람입니다.

윌리엄 맥도너 사람들은 환경보호주의 혹은 친환경주의를 덜 유해한 것으로 이해하고 있습니다. 그것은 실제로는 덜 유해한 것에 관한 것이 아니라 더 유익한 것에 관한 것입니다. 그래서 저는 그것이 차이라고 생각합니다. 어느 날 갑자기 당신은 우리가 단지 덜 파괴적인 세력이 아닌 창조적인 세력이 되어야만 한다는 사실을 깨달을 것입니다. 그것은 정말 뜻밖의 사실입니다.

캐머런 디아즈 그것은 매우 중요한 사실이에요. 그리고 그 점이 바로 고무적인 것이지요. 저는 진실로 그것이 만물이 존재하는 방식으로서 만물의 자연적인 이치라고 생각합니다. 우리는 그렇지가 않습니다. 우리가 지금과 같은 방식으로 무엇인가를 만들고 자원을 다 고갈시키기 이전에 우리는 성공적인 인류였습니다. 인류는 이 세계와 조화와 균형을 이루면서 생존했습니다. 우리와 자원은 서로 주고받는 관계였지요. 오늘날에는 갑자기 우리가 모든 것을 내쫓고 있는 듯합니다. 우리는 반드시 자원이 어떻게 되고 있는지, 우리가 자원으로 무엇을 하고 있는지 그리고 어떤 방식으로 우리가 이 행성에서 생존하고 있는지에 대해 주의를 기울여야만 합니다.

그 일을 무언가를 덜어내는 것으로, 어떤 것을 억누르는 것으로, 그리고 원하는 것을 전부 갖지 못하는 것으로 생각한다면 그 누구도 그 일에 참여하고 싶지 않겠지요. 하지만 우리가 원하는 것을 다 가지되, 정당하고 옳은 방식으로 획득하는 것이―덜 나쁜 것이 아니라 더 좋은 것이라고 앞서 말했지요―실재 목표입니다.

윌리엄 맥도너 그 일은 나눔과 관련이 있고, 충분히 나누어 소유하는 것과 관련 있습니다. 한계에 대해 걱정하는 대신에 풍부함에 대해 기뻐해야 할 것입니다. 실제로 그것이 중요하다고 생각합니다. 《요람에서 요람으로: 새로운 방식으로 세상과 사물 만들기》라는 책에서 저와 미하엘 브라운가르트는 세상에 대해 "이런, 우리는 모든 것을 다 써버리고 있어!" 라고 말하지 않았습니다. 우리는 이렇게 말했지요. 만약 우리가 모든 물건을 영구히 환경에 유해한 생산물로 만들 수 있다면, 우리는 자원이 희박해지면 어떻게 해야 하나 겁내기보다는 오히려 이런 자원의 풍부함에 기뻐할 수 있다고 말입니다.

캐머런 디아즈 우리는 어떻게 행동해야 할까요? 제게는 창조적인 분야인데요.

윌리엄 맥도너 이 책의 중요성이 바로 그 점입니다. 이 책의 방식은 '전깃불을 끄시오' 혹은 '음성 메일을 사용할 수 있다면 자동 응답 전화기가 필요하지 않다' 라고 말하는 식이 아닙니다. 그런 물건들 없이 지내자거나 줄이고 또 줄이자는 방식은 아닙니다. 그보다는 이런 투지요. '음성 메일이 잘 작동하고 있고 언제나 사용되고 있으므로 그결과 다른 기기는 폐기되고 있다는 것은 놀랄 일이 아닌가.' 사람들에게 소리 높여 무엇인가를 구입해서는 안 된다고 말하는 것보다는 흥미로운 방식이지요. 우리는 '당위' 와 '의무' 라는 말을 포괄적으로 탐색해야만 하고 '가능성' 과 '제안' 으로 바꾸지 않으면 안 됩니다. 이

일을 '할 수 있다' 라고 해야지 이 일을 '해서는 안 된다' 라고 해서는 안 됩니다. 당신은 '할 수' 있습니다. 그것은 창의적인 행동입니다. '의무' 는 일종의 명령입니다. '가능성' 은 창조성에 대해 열려 있지요. 그래서 우리는 우리가 '할 수 있는' 것을 결정해야만 합니다.

캐머런 디아즈 책장을 넘겨보면서 '이렇게 했어야 했다' 가 아니라 '이렇게 할 수 있다' 라고 일러주는 이런 책을 손에 쥔다는 것은 마음 설레는 일입니다. "좋아, 선택의 자유가 있네, 매일의 기본적인 습관을 바꾸는 방향으로 해볼 수 있겠어." 이렇게 말할 수 있고 그런 식으로 바라볼 수 있습니다. 새 운동화를 살 때도 이렇게 할 수 있지요. "발이 더 커지지 않으니 이 운동화를 계속 갖고 있을 거야. 언젠가는 완벽한 녹색 구두를 발견할 수 있을지도 모르지. 하지만 지금 최선의 선택은 재활용 밑창을 댄 신발이야……."

캐머런 디아즈
배우. 1994년 〈마스크〉로 데뷔했다. 2007년 5월 영화 〈슈렉 3〉 홍보를 위해 처음 방한했다.

윌리엄 맥도너
건축가이자 환경운동가. 버지니아 대학 건축학과 학장을 지냈고, 《요람에서 요람으로》를 미하엘 브라운가르트와 공동집필했다.

THE GREEN BOOK

집

Home

먼저 집에서 시작하라.
그런데 저 물건들은 어떻게 할까?

전반적인 상황

지금 이 세계에는 대략 16억 채의 주택이 있고 미국에만 1억 채의 주택이 있다. 우리가 하루 중 대부분의 시간을 보내는 곳은 바로 우리의 집이다. 에너지와 물을 가장 많이 소비하는 곳도 집이고, 쓰레기를 가장 많이 배출하는 곳도 집이다.

우리는 매일 2킬로그램가량의 쓰레기를 배출한다. 우리가 일생 동안 가정에서 내놓은 쓰레기의 총량은 성인 평균 체중의 600배에 이를 것이다. 쓰레기 인간의 몸통은 종이일 것이다. 다리 하나는 정원 쓰레기일 것이며, 다른 쪽 다리는 음식물 쓰레기일 것이다. 팔 하나는 고무 손을 가진 플라스틱일 것이다. 다른 팔은 나무 손을 한 금속이 될 것이다. 머리는 유리일 것이고 목은 다른 재료일 것이다. 마지막에 우리는 손자들에게 각자 40톤이 넘는 쓰레기를 유산으로 물려줄 것이다.

하지만 쓰레기가 이 세계에 가장 중대한 영향을 끼치고 있는 것은 아니다. 미국인들은 지구상에 살고 있는 다른 사람들보다 일인당 두 배나 많은 물과 에너지를 소비한다. 물과 에너지의 부족 현상이 우리 모두의 일이라는 점을 고려해볼 때 이는 심각한 문제이다.

2025년까지 물의 수요를 충족시키기 위하여 물 공급량의 22퍼센트 정도를 늘려야만 한다. 반면 가정에 공급되고 있는 식수의 40퍼센트는 화장실에서 흘려보내고 있다.

가정용 에너지는 대부분 냉난방을 하는 데 사용된다.

이 모두를 염두에 두고 우리는 '손쉬운 행동들'을 고안해냈다. 전반적인 상황과 관련된 모든 중요한 사항들을 고려해볼 때, 다음과 같은 행동들을 실천하면 최소한의 노력으로 최대한 긍정적인 효과를 거둘 수 있다.

손쉬운 행동들

1 샤워 시간을 줄여라. 샤워 시간을 2분 줄이면 38리터 이상의 물을 아낄 수 있다. 이런 계산도 가능하다. 미국 사람들이 매일 샤워를 할 때 3.8리터의 물을 절약한다면 그 양은 매일 오대호에서 끌어들인 담수량의 두 배와 같을 것이다. 오대호는 세계에서 가장 큰 담수량을 보유하고 있다.

2 자동 온도 조절기를 냉방 장치는 고온으로, 난방 장치는 저온에 맞추어라. 그러면 매년 사용료 100달러를 절약할 수 있다. 온도 조절로 더 많은 돈을 절약할 수도 있다. 미국 내 모든 가정이 이렇게 조절기를 맞추었다면 매년 에너지 비용을 100억 달러 이상 절약할 수 있었을 것이다. 아이오와에 사는 모든 사람에게 휘발유와 전기, 천연가스를 1년 동안 충분히 공급할 수 있는 액수이다.

3 재활용하라. 쓰레기에서 종이, 플라스틱, 유리와 알루미늄을 분리수거해 재활용

용기에 버리는 것만으로도 쓰레기 매립지로 보내지는 쓰레기 중 75퍼센트를 줄일 수 있다. 최근에 미국 사람들이 매년 배출하는 쓰레기를 매립하는 데 펜실베이니아 크기의 땅이 필요하다.

작은 실천들

 주방에서

퇴비 만들기

부엌에서 나오는 과일과 야채 찌꺼기, 커피 찌꺼기를 퇴비 용기에 저장하라. 그런 찌꺼기들을 정원에 뿌리거나 뜰 안에서 퇴비로 만들어보라. 식물들이 더 잘 자랄 것이고, 표토가 더 두터워지며, 영양물이 순환되고, 쓰레기 매립지 공간이 절약될 것이다. 1년 내내 미국 사람들이 부엌에서 나오는 찌꺼기들을 쓰레기와 함께 버리는 대신에 퇴비로 만들었다면, 샌프란시스코 전체를 90센티미터 높이로 덮을 수 있는 거름 더미를 생산할 수도 있는 유기물 쓰레기가 쓰레기 매립지로 가지 않을 것이다.

식기세척기

그릇을 가득 채운 다음 식기세척기를 돌리면 에너지를 절약할 수 있다. 세척기 안에 집어넣기 전에 그릇을 헹굴 필요는 없다. 그렇게 하면 식기를 한 번 가득 채워 넣을 때마다 물 76리터를 절약할 수 있다. 1년이면 2만 8천 리터를 절약할 것이다. 이 수치는 평생 동안 성인이 마시는 물의 양과 같다. (손으로 설거지를 한다면 그릇을 문지르는 동안 수도꼭지를 잠가라.)

음식물 쓰레기

요리를 할 때 상하기 쉬운 재료는 얼른 사용하고, 주의 깊게 식사 분량을 맞추고, 먹다 남은 음식은 다음에 먹을 수 있게 잘 보관해 음식물을 버리지 않도록 한다. 매일 가정에서 버려지는 음식물 쓰레기 양을 25그램(빵 한 조각 무게) 정도 줄일 수 있다면 연간 9킬로그램의 음식물을 절약할 것이다. 16명이 식사하기에 충분한 양이다. 미국의 모든 가정들이 이 정도로 음식물 쓰레기를 줄인다면 집이 없는 135만 명의 미국 아이들에게 1년 동안 세끼 식사를 매일 제공하기에 충분한 음식물이 절약될 것이다.

음식물 찌꺼기의 처리

음식물 찌꺼기를 처리할 때는 찬물을 사용하라. 더 나은 방법은 음식물 찌꺼기를 거름으로 만들거나 쓰레기를 처리할 때 물을 한 방울도 사용하지 않는 것이다. 그러면 배수구가 막히는 일도 덜할 것이고 부패처리 시설을 유지하는 데 드는 비용도 줄일 수 있다. 처리된 쓰레기는 물과 토양 생태계에서 영양물질 간 균형을 파괴할 수 있으며, 다음 단계로는 야생 생물을 위협할 수 있다.

전자레인지

전자레인지를 늘 청결한 상태로 유지하면 에너지 사용을 극대화할 수 있다. 곧 전기 사용량이 줄어들고, 돈이 절약되며, 요리 시간이 줄어든다. 전자레인지는 기존의 전기 오븐보다 3.5~4.8배 정도 에너지 효율이 높다. 전자레인지로 조리하는 데 비용이 10센트 든다면 보통의 오븐은 똑같은 내용물을 조리하는 데 48센트 든다. 북미에 살고 있는 모든 사람이 1년 동안 전자레인지로만 요리를 했다면 같은 기간 동안에 아프리카 대륙에서 소비되는 만큼의 에너지를 절약할 것이다.

예열

한 시간 혹은 그 이상 오븐에 넣어 굽거나 조리할 때 오븐을 일부러 예열시킬 필요는 없다. 빵과 케이크를 만들 때에도 10분 이상 예열해서는 안 된다. 오븐 사용 시간을 1년에 한 시간가량 줄인다면, 평균 2킬로와트시를 절약할 것이다. 미국 가정의 30퍼센트가 매년 한 시간 정도만 오븐 예열 시간을 줄인다면 6천만 킬로와트시가 절감된다. 이 에너지로 모든 미국인들에게 쿠키 12개를 구워서 나누어 줄 수 있다.

냉장고

냉장고 속으로 들이민 머리를 빼내고 냉장고 문을 닫아라! 냉장고는 주방기기 중 에너지를 가장 많이 소비하는 가전제품이고, 매년 가정용 전기 요금의 30~60달러 정도는 냉장고 문을 열 때 발생한다. 한 해 동안 냉장고를 더 효과적으로 사용하면 미국의 모든 가정이 넉 달 반 이상 단전 없이 불을 밝히는 데 충분한 에너지가 절약될 것이다.

저장 용기

플라스틱 용기 대신에 유리나 도자기 용기에 음식물을 저장하라. 어떤 화학 성분들은 용기에서 음식물로 스며들기도 한다. 플라스틱에서 음식물로, 그리고 음식물에서 우리 몸으로 옮겨지는 화학 성분들은 건강에 해로울 수 있다.

스토브

스토브 버너에 적당한 크기의 냄비를 사용하라. 조리용 전기레인지의 경우 연간 36달러, 가스레인지의 경우 18달러 정도를 절약할 수 있다. 미국에서 일인당 구매하고 사용한 에너지의 5퍼센트는 음식물을 준비하고 요리하는 데 쓰인다. 연간 사용량은 아프리카 주민의 에너지 소비량의 두 배보다 많다.

쓰레기봉투

쓰레기통 안에 넣는 봉투로 종이 가방이나 비닐봉지를 사용하라. 휴지통 전용 봉투를 쇼핑하느라 쓰는 시간과 돈을 절약할 것이다. 주방용 쓰레기봉투 20장을 구입하는 데 평균 5달러가 든다. 비닐봉지 1톤을 재사용하면 11배럴의 원유에 상응하는 에너지가 절약된다. 종이 가방 1톤을 재사용하면 나무 17그루를 벌채하지 않아도 된다.

정수 필터

집에서 나오는 수돗물을 믿고 마시고 싶다면 생수를 구입하는 대신에 수도꼭지에 정수 필터를 설치해보라. 많은 돈을 절약할 수 있고 더 맛 좋은 물을 마실 수 있다. 29달러 정도면 정수 필터를 구입할 수 있다. 하루에 1리터가량 물을 마시는 사람이라면 이 돈으로 한 달간 마실 수 있는 생수를 구입할 수 있다. 대략 150만 톤의 플라스틱이 매년 890억 리터의 생수를 병에 담는 데 사용된다. 지구상의 모든 가정에 필터 2개를 만들어 줄 수 있는 양이다. 지구에서 10억 명은 깨끗한 식수를 마시지 못하고 있다.

 욕실에서

양치질할 때

양치질을 하는 동안에 수도꼭지를 잠가라. 매일 물을 19리터 정도 절약할 것이다. 미국 전역으로 따지면 매일 57억 리터가 절약될 것이다. 이는 뉴욕 시 전체에서 매일 소비되는 물의 양보다 많다.

면도할 때

면도할 때 쓸 뜨거운 물을 기다리는 동안에 양치질을 하라. 그러면 시간과 돈을 아낄 수 있다. 매년 양치질과 면도를 할 때 6900리터의 물을 절약할 수 있다. 욕조를 35번 이상 채울 수 있는 양이다!

샤워 커튼

비닐로 된 샤워 커튼을 사용하지 말라(그런 것은 실제로 필요하지 않다). 그러면 쓰레기 매립지에 비닐이 매립되지 않을 것이다. 폴리염화비닐(PVC) 플라스틱 쓰레기는 매년 123만 톤에 달하고 그런 플라스틱은 재활용할 수 없다.

화장실

매일 한 번 정도는 하수관으로 화장실 물을 내려 보내지 말라. 그러면 물을 약 17리터 절약할 수 있다. 아프리카에서 한 사람이 하루 동안 마시고, 요리하고, 목욕하고, 세탁하는 데 쓰는 물의 양과 같다.

욕조

목욕을 할 때 수도꼭지를 틀기 전에 먼저 욕조 배수구를 마개로 막아라. 시간과 돈을 절약할 것이다. 보통의 욕조 꼭지로 분당 11~19리터 정도의 물이 흘러 내려간다. 미국 전역에서 일인당 목욕물을 4리터 정도 덜 사용할 경우에 매년 4천억 리터의 물을 절감할 수 있다. 이 양은 지구에서 비가 가장 많이 오는 콜롬비아의 요로 지역에 매주 내리는 비의 양보다 훨씬 많다.

벽난로

불을 피우지 않을 때는 벽난로의 바람문을 닫아두어라. 바람문을 열어놓으면 집에서 사용하는 열의 8퍼센트가 빠져나간다. 여름철에는 찬 공기가 새어나간다. 한 해에 굴뚝으로 100달러가 빠져나가는 셈이다.

정크 메일

정크 메일(대량으로 발송되는 광고 우편물)을 제거하거나 재활용하라. 보통의 미국 가정은 매년 나무 한 그루 반 정도에 해당하는 정크 메일을 받고 그 대부분은 곧바로 쓰레기통으로 들어간다. 계속해서 받고자 하는 정크 메일은 쓰레기와 함께 버리지 말고 재활용 용기에 버려라. 주소가 보이는 플라스틱 소재 창이 있는 봉투도 재활용할 수 있다. 모든 미국인들이 정크 메일을 재활용한다면 매년 쓰레기 매립지에 내버리는 데 드는 비용 3억 7천만 달러를 절약할 수 있다.

백열전구

전등에 붙은 먼지를 닦고 전등이 나갔을 때 절전형 형광등으로 교체하라. 전력을 생산하는 일은 오염을 유발한다. 그러므로 전등의 먼지를 닦고 절전형 형광등으로 교체하는 일은 에너지 효율을 높이고 전등을 더 밝게 하며, 공기를 더 깨끗하게 해줄 것이다. 모든 미국 가정이 벽이나 천장에 고정된 일반적인 형태의 5구형 조명이나 전등을 더 효과적인 절전형 형광등으로 교체했다면, 대기로 배출되는 4억 5천만 톤이 넘는 온실 가스를 줄일 수 있다. 이는 자동차 800만 대의 배기가스 양과 맞먹는다. 곧 미국에서만 60억 달러에 달하는 에너지 비용을 절약할 수 있다.

성냥 vs. 라이터

성냥과 라이터 중에서 성냥을 선택하라. 플라스틱 케이스와 부탄가스로 만들어진 라이터는 석유에서 뽑아낸 제품이고 대부분은 일회용으로, 전 세계에서 매년 15억 개의 라이터가 쓰레기 매립지나 소각로로 간다. 성냥 상자는 나무와 판지 중 판지로 된 상자를 선택하라. 나무 상자는 나무로 만들어진 반면, 판지 상자는 대부분 재활용 종이로 생산된다. 전 세계에서 매일 흡연되는 모든 담배에 나무 상자 대신에 판지 상자에 든 성냥으로 불을 붙인다면, 매년 흡연으로 인해 사라지는 550만 그루의 나무를 구할 수 있을 것이다.

차양/두꺼운 커튼

여름에 햇빛을 차단하는 데, 겨울에 추위를 막는 데 커튼을 이용하면 에너지 수요의 25퍼센트를 절감할 수 있다. 미국의 모든 주택이 단열을 위해 커튼을 친다면 한 해에 일본 열도 전역에서 사용하는 만큼의 에너지가 절약될 것이다.

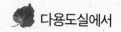 다용도실에서

냉난방 장치와 난로의 필터

한 해에 여러 번 일회용 공기 필터를 교체하는 대신에 무제한으로 세척할 수 있고 재사용할 수 있는 항구적인 필터를 구매해보라. 대개 이런 필터는 수명을 보증함으로써 오랫동안 돈을 절약할 수 있을 뿐만 아니라 쓰레기 매립지로 보내는 쓰레기량을 줄일 것이다. 미국 가정의 절반이 일회용 공기 필터를 재사용 가능한 필터 한 개로 교체한다면 수도 워싱턴 전역을 뒤덮을 정도의 공기 필터가 매년 쓰레기 매립지로 가지 않을 것이다.

드라이클리닝

드라이클리닝을 꼭 해야만 한다면 업체에 맡기는 횟수를 줄여라. 시간과 연료를 절약할 뿐만 아니라 비닐 옷 커버 사용을 줄일 수 있다. 드라이클리닝 업자는 여러 벌의 옷을 같이 비닐 커버에 넣어 줄 것이다. 한 번에 많은 옷을 맡길 경우 비닐 커버 수는 더 줄어든다. 열 가정 중 한 가정이 드라이클리닝 업자를 방문하는 횟수를 1년에 한 번 줄여 비닐 옷 커버 두 개를 줄였다면, 9천 개 이상의 열기구를 꿰매는 데 이렇게 절약한 플라스틱을 쓸 수 있다.

더 나은 행동 비닐 옷 커버를 씌우지 말라고 미리 말해두는 것이다. 그리고 재활용을 위해 드라이클리닝 업자에게 종이를 씌운 옷걸이를 되돌려주는 것이다. 또 친환경적인 드라이클리닝 방법을 이용할 수 있고, 생분해성 비누를 사용해 물세탁을 할 수도 있다.

건조기

건조기의 먼지 거름망을 청소하고 허용량 이상의 세탁물을 넣지 말라. 전기 요금의 5퍼센트를 절약할 것이다. 모든 사람이 그렇게 한다면 매년 13억 2천만 리터의 가솔린 에너지를 절감할 수 있다.

`더 나은 행동` 가능하다면 빨랫줄을 이용하는 것이다.

전화번호부

전화번호부를 재활용하라.

`더 나은 행동` 전화번호부 배달 서비스를 중지하는 것이다. 대신에 온라인 전화번호부를 이용하라. 전화번호부는 쓰레기 수거장에 버려진 쓰레기의 10퍼센트 정도를 차지한다.

세탁기

세탁할 때는 더운물로, 헹굴 때에는 찬물로 하도록 세탁 과정을 설정하라. 뜨거운 물로만 세탁기를 돌릴 때 소비되는 에너지의 90퍼센트 이상을 절약할 수 있다. 모든 미국 가정이 뜨거운 물로만 세탁하던 것을 더운물, 찬물 과정으로 변경하면 하루에 1600만 리터의 기름에 해당하는 에너지를 절약할 수 있다.

온수기

열을 비축하기 위하여 절연 모포로 온수기를 덮어두라. 그런 다음에 에너지 절약을 위하여 온도 조절기를 50도보다 높지 않게 설정해두라. 이렇게 변경하면 집에서 사용된 에너지의 25퍼센트를 절감할 수 있다. 모든 사람들이 이처럼 행동한다면 미국 가정들은 매년 에너지 비용 중 320억 달러 이상을 절약할 것이다.

 ## 차고에서

차의 공회전

차고에서 공회전하는 시간을 제한하고 차고 문을 열어두라. 공회전하는 차는 시속 50킬로미터로 여행하는 차보다 20배나 많은 오염 물질을 배출한다. 미국에는 6500만 명이 차고를 소유하고 있다. 이들 중 10퍼센트가 매일 5분이 안 되게 차를 공회전시켰다면 한 해에 휘발유 3억 2천 리터를 절약했을 것이고, 이는 100만 명이 보통 크기의 차량을 운전해 미국을 횡단할 수 있는 양으로 충분하다.

세차

유료 세차장에서 세차하는 것이 집에서 직접 세차하는 것보다 더 친환경적이다. 세차장에서 세차할 경우 물을 훨씬 더 적게(380리터보다 적다) 사용할 뿐만 아니라 헹군 물을 재활용하고 재사용하는 곳도 있다.

최근에 차를 집에서 세차한 모든 미국인이 대신에 세차장에서 세차를 한다면, 단 한 차례 이용으로 물 330억 리터 정도가 절약될 것이다. 또 비눗기 있는 오염된 물 454억 리터가 강과 호수, 시냇물로 유입되는 것을 막을 수 있다.

 뒤뜰에서

점적관수

화단이나 정원에 물을 주는 데 보통의 스프링클러 대신에 점적관수 (가는 구멍이 뚫린 관을 땅에 살짝 묻거나 땅 위로 늘어뜨려서 작물 포기마다 물방 울 형태로 물을 주는 방식)나 다공성 호스를 사용하라. 보통 사용되는 물 의 70퍼센트를 절약할 수 있다. 수분의 증발이 최소화되고 잎사귀가 아니라 식물의 뿌리만이 물을 흡수하기 때문이다.

잔디밭 물 주기

비가 내리는 동안과 비가 내린 후에 자동 스프링클러 순환 주기를 중단시키는 빗물 감지 센서를 설치해보라. 지역적인 기후 환경에 따라 물 소비량(곧 수도 요금)을 매년 30퍼센트까지 줄일 수 있다.

호스

정원용 호스에 자동 차단 노즐을 달아서 사용하라. 수도꼭지를 틀어놓아 낭비되는 물이 줄 것이다. 분당 물 24.6리터를 절약할 수 있다. 미국 가정의 10퍼센트가 호스에 자동 차단 노즐을 부착해서 호스 사용 시간이 매주 30초만 줄어도 절약한 물로 매일 12만 8천 개 이상의 욕조를 가득 채울 수 있다.

잔디 돌보기

잔디를 5센티미터 높이로 깎고 베어낸 풀은 잔디밭에 그대로 두라. 그러면 잔디를 깎고 긁어모으는 시간이 줄고, 잔디에 물 주는 일도 그만큼 줄어든다. 여름철 사용된 물의 40퍼센트가 옥외에서 소비되었는데 다른 어떤 용도보다 높은 비율을 차지한다. 게다가 잔디 돌보는 일이 줄면 흐르는 빗물에 스며들어 그 지역의 물고기와 새들의 서식 환경을 해치는 화학 약품의 사용도 줄 것이다.

수영장

이용하지 않을 때 집의 수영장에 덮개를 씌우면 증발되는 물을 90퍼센트 정도까지 줄일 수 있다. 그리하여 물을 보충하는 데 드는 비용을 줄일 수 있다. 보통 크기의 수영장이 보통의 햇빛과 비바람에 노출되었을 때 매달 대략 3800리터의 물이 소실된다. 1년 반 동안 4인 가족의 식수로 충분한 양이다.

옥외 조명

필요한 때가 아니면 옥외 조명을 꺼라. 가능하다면 시간 조절기나 동작 감지 센서를 설치하라. 옥외에 설치된 100와트 전등 한 개는 연간 13달러 정도의 전기료가 든다.

스프링클러

스프링클러를 이른 아침이나 저녁에 사용하라. 보통의 잔디밭은 매주 한 시간 정도만 물을 주면 된다. 여름철 옥외의 물 사용은 가정용 수도세의 40퍼센트를 차지한다. 미국에서 잔디밭과 조경용으로 하루에 어림잡아 300억 리터의 물이 필요하다. 6병들이 맥주 140억 상자를 채울 수 있는 양이다.

" 우리는 원하는 것을 아무 때, 아무 장소에서나 얻을 수 있는 세상에 살고 있다. 그리고 더 빨리 얻을수록 더 즐겁다. 전화를 걸고 싶은가? 전화 단축 번호를 누르면 된다. 감사 카드를 보내고 싶은가? 이메일을 쓰면 된다. 길모퉁이에 있는 가게에 가고 싶은가? 차를 타면 된다. 세상이 너무도 편리해져서 우리는 그것을 아주 당연한 것으로 받아들인다.

사람들이 플라스틱 병에 든 물을 마시고 난 다음에 그 병을 재활용하지 않는 것을 본 적이 있다. 난 그런 일에 격분한다. 쓰레기로 던져버리는 편이 더 빠르다는 것은 안다. 하지만 간편하다는 이유로 병에 든 생수를 사 마시는 사람이 지켜야 할 것이 있다. 시간을 들여서 '재활용'이라고 찍힌 쓰레기통에 그 병을 넣는 것이다. 엄청난 차이는 바로 사소한 것에서 시작된다.

사람들은 우리가 사는 세상을 더 나은 세상으로 변화시키는 것이 얼마나 사소한 일인지 알지 못한다. 전에 내가 모르던 사실이 하나 있다. 나는 바다에 떠다니는 기름은 모두 유조선에서 유출된 것이라고 생각했다. 그것은 사실과 다르다. 나는 매년 북미 대양으로 유입되는 1억 1천만 리터의 기름 중 9100만 리터의 기름이 사람들의 활동에 의한 것임을 알았다. 9100만 리터의 기름이라니! 미친 짓 아닌가! 보통 나는 기름을 테이블스푼으로 사용한다. 우리는 그저 우연히 식용유를 부엌 개수대에 쏟고, 차에 기름을 가득 채우며, 차에서 나온 기름을 호스 물로 씻어 하수구로 흘려보내는데 이 기름이 다 결국은 바다에 이르게 된다.

우리는 다르게 행동할 수 있다. 사용한 식용유를 용기에 부어 버려라. 차에 기름을 가득 넣지 말라. 차에 어떤 작업을 할 때는 기름받이를 사용하고 사용한 기름과 부동액은 재활용 센터로 가지고 가라. 이런 일들은 우리가 실천할 수 있는 것들이다. 또 나는 리처드 시먼스와 기름 사용법에 대해 이야기하려고 한다. 어쩌면 우리는 그 수치들을 낮출 수 있을 것이다. **"**

엘런 드제너러스

코미디언이자 토크쇼 진행자, 배우. 에미상을 12번 수상했다. 텔레비전 시트콤 〈엘런〉(1994~1998)과 〈엘런쇼〉(2001~2002)에서 주연을 맡았다.

Chapter
02

엔터테인먼트

Entertainment

잔치가 끝나고 난 뒤 남는 것들

전반적인 상황

재밌는 일에는 엄청난 쓰레기가 따른다. 빈 병과 담배꽁초를 보면 대번에 유해한 것이 무엇인지 생각하게 된다. 재활용이 가능한 800억 개 이상의 깡통과 빈 병들이 쓰레기로 아무 데나 뒹굴고 있다. 담배꽁초 수십 조 개비가 지구를 더럽히고 있다. 그리고 록 스타처럼 파티를 열지 않는다 하더라도 즐거운 시간을 보낸 후에는 쓰레기가 생기게 마련이다. 퍼레이드를 생각해보라. 신년 행사로 유명한 장미 퍼레이드는 50만 관객을 매혹하는 한편, 100톤의 쓰레기도 내놓는다. 미식축구 시합 파티는 빼고서도 말이다!

산더미처럼 쌓인 쓰레기에 대해 이야기해보자. 매년 200만 권의 책, 3억 5천만 부의 잡지와 240억 부의 신문이 버려지고 있다. 이제는 그런 것을 읽는 사람이 없다고 생각하지 않았나! 의심의 여지 없이 신문들은 다른 매체로 대체되어 사라질지도 모른다. 하지만 신기술이 오래된 습관을 고치지는 못한다. 매달 550만 개의 소프트웨어 상자가 담긴 CD 10만 장이 쓰레기로 버려진다. 빌 게이츠가 눈물을 흘리지 않을 수 없을 것이다.

하지만 엔터테인먼트 산업이 직면한 실질적인 문제는 에너지이다. 실황 공연을 하면 조명, 음향, 앰프와 비디오 스크린을 사용하는 데 에너지가 소비될 뿐만 아니라 시청 및 청취와 관련된 제반 설비를 가동하는 데에도 전력이 소모된다. 몇 시간짜리 실황 공연 한 번에 700세대가 1년 동안 사용하는 것과 맞먹는 전기가 소비될 수 있다.

더 큰 문제는 산더미같이 쌓인 e폐기물이다. 전지를 예로 들어보자. 보통 사람은 약 두 개의 버튼 배터리, 10개의 표준 규격(A, AA, AAA, C, D, 9V 등등) 배터리를 가지고 있고 매년 대략 8개의 가정용 배터리를 버린다. 미국에서는 해마다 약 30억 개의 배터리가 판매되는데, 가정마다 평균 약 32개 또는 일인당 10개꼴이다.

계산을 해보면 판매된 배터리 상당수가 버려진다는 사실을 알 수 있다. 문제는 그런 배터리에 포함된 수은, 납을 포함해 독성 있는 화학 성분들이다. 위험한 폐기물들이 대부분 소각된다는 것을 생각해보면 화학자가 아니라도 엄청난 오염 물질이 생긴다는 것을 알 수 있다.

물 또한 서비스 산업에 쓰이면 고갈되고 만다. 차를 탄 채 음식을 주문하는 식당을 단 한 번 이용하는 데 물 5700리터가 쓰인다. 햄버거, 감자튀김, 탄산수를 주문하는 데 말이다. 감자를 재배하고, 햄버거 빵 재료용 곡물을 재배하고, 소를 사육하는 데 필요한 물, 소다수를 제조하는 데 사용되는 물을 다 포함한다.

우리는 그런 음식을 한 입에 삼켜버린다.

이 모두를 염두에 두고 우리는 '손쉬운 행동들' 을 고안해냈다. 전반적인 상황과 관련된 모든 중요한 사항들을 고려해볼 때, 다음과 같은 행동들을 실천하면 최소한의 노력으로 최대한 긍정적인 효과를 거둘 수 있다.

손쉬운 행동들

1 어디서나 종이 냅킨 사용량을 줄여라. 냅킨 한두 장이면 대부분의 경우 충분하다. 그러니 매점에서 엄청나게 많은 냅킨을 집어 올 필요가 없다. 미국인들은 매년 보통의 두 겹짜리 냅킨을 일인당 평균 2200장 소비한다. 매일 6장 이상 사용한다는 뜻이다. 미국인들이 매일 한 장만 냅킨을 덜 사용한다면 매년 45만 톤 이상의 냅킨이 쓰레기 매립지에 묻히지 않을 것이다. 엠파이어 스테이트 빌딩 전체를 가득 채울 수 있는 양이다.

2 재충전 배터리를 사용하라. 오랫동안 돈을 절약할 수 있다. 재충전 배터리 한 개는 사용 기간 중에 일회용 알칼리 배터리 천 개를 대체할 수 있다. 미국인들은 매년 17만 9천 톤의 배터리를 버린다.

3 외식을 할 때는 수돗물을 마셔라. 물 한 병 값 7달러를 절약할 수 있고, 더 안심하고 물을 마실 수 있을 것이다. 수돗물은 병에 담긴 물보다 엄격하게 관리되고 있다. 미국 사람들이 모두 생수 대신 수돗물을 마신다면 매년 80억 달러를 절약할 수 있는데, 이는 미국이 해마다 가뭄에 대한 대책으로 지출하는 금액과 맞먹는다. 수돗물을 마시면 플라스틱 폐기물도 줄어든다. 미국에서는 날마다 6천만 개의 물병이 아무렇게나 버려지고 있다.

작은 실천들

앨범

매년 미국에서는 대략 100만 장의 비닐 LP가 여전히 팔리고 있다. 그러므로 소장하고 있는 옛날 레코드판들을 대략 10달러씩을 받고 팔 수 있다. LP판들을 재활용 용기 속으로 던져버리면, 근처 중고 레코드 가게에서 오래된 LP판들을 처분하는 데 들이는 것보다 더 많은 에너지가 재활용에 소비된다.

책

도서관을 이용하거나 헌책을 구입하라. 소장하고 있는 책들은 버리지 말고 친구들과 돌려가며 읽거나 기증해보라. 매년 미국에서는 새 책이 약 30억 권 판매되는데 이 책들을 만드는 데 40만 그루의 나무가 벌채되어야만 한다.

사탕

가능하다면 낱개로 포장된 제품보다는 용기에 담긴 사탕을 구입하라. 사탕 포장지는 오염을 막고 물이 들어가지 않게 화학 약품으로 처리되어 있는 경우가 많은데, 그런 포장지들은 재활용하기 어렵다.

CD

CD를 구입하는 대신에 다운로드하라. CD 한 장 값은 평균 15달러이다. 반면 앨범 다운로드에 드는 비용은 10달러에 불과하다. 구식이라는 이유로, 혹은 필요 없다는 이유로 매달 CD 45톤 이상이 폐기 처분되고 쓰레기 매립지에 묻힌다.

DVD

DVD를 구입하는 대신에 빌려라. DVD를 얼마나 많이 보는가에 따라 돈을 절약할 수 있다. 영화 DVD를 빌리는 데 약 4달러가 든다. 새것을 사는 데 드는 비용은 16달러 이상이다. 더욱이 DVD가 쓰레기 더미에 보태질까 걱정할 필요가 없다. 10만 장의 DVD와 CD가 매달 쓰레기로 폐기 처분된다. DVD를 소장하고 싶거나 처분하고 싶다면, 지역 도서관이나 중고품 할인 판매점에 기증하든지 DVD 재활용 센터를 찾아보라.

선물용 포장지

되도록 선물용 포장은 하지 말고, 포장을 할 때는 리본을 재사용하거나 지난 신문들, 낡은 지도 등을 사용하라. 각 가정이 매년 축제일에 쓰인 리본 60센티미터를 재사용한다면 6만 킬로미터 길이에 드는 금액 이상을 절약할 수 있다. 지구 둘레 전체를 리본으로 묶기에 충분한 길이이다.

초대장

전자 초대장을 이용하라. 또는 '염소 성분이 없는 소비 후 재활용한 종이'로 초대장을 제작하라. 온라인 초대장을 이용하면 문구류 값과 우편 요금이 들지 않고, 소비 후 재활용된 종이 값은 최초의 섬유지 값과 거의 같다. 종이의 사용 방식을 개선함으로써 전 세계의 목재 소비를 50퍼센트까지 줄일 수 있으며, 80퍼센트 이상도 가능하다.

잡지

거리 신문 가판대에서 잡지들을 구입하는 대신에 선호하는 잡지들을 정기 구독하면 집에서 받아 보는 편리함을 누릴 수 있고, 신문 가판대에서 사는 값의 75퍼센트 내지 그 이상을 절약할 수 있다. 신문 가판대에서 파는 대부분의 잡지들은 60퍼센트가 판매되지 않고 쓰레기 수거장으로 운반되고 만다. 이는 시간, 돈, 에너지의 낭비이다.

MP3 플레이어

낡은 MP3 플레이어를 제조업자에게 되돌려주거나 재활용하라. 소비자들이 낡은 플레이어를 반납하면 새 플레이어를 구입할 때 10퍼센트까지 할인해주는 회사들이 있다. 미국의 쓰레기 매립지에 버려진 납의 약 40퍼센트는 변칙적인 방법으로 폐기된 전자 제품 쓰레기에서 나온다. 그렇게 방치된 e폐기물은 공기와 지하수를 오염시킨다. 따라서 e폐기물 수거기나 재활용 센터를 찾아내는 것이 확실한 방법이다.

신문

신문을 재활용하고 정기 구독하라. 정기 구독자는 정가의 50퍼센트가량을 할인받을 수 있을 뿐만 아니라 신문 가판대까지 가지 않아도 된다. 해마다 천만 톤의 신문이 쓰레기 매립지에 야적되고 있으며 재활용되지 않고 있다. 절반만이라도 재활용된다면 나무 7500만 그루가 보존될 수 있다.

일회용 식기

매년 400억 개의 플라스틱 용기들이 쓰레기 매립지에 버려진다. 그러므로 플라스틱 그릇과 종이 그릇 대신에 자기, 은그릇, 유리그릇을 사용하라. 쓰레기뿐 아니라 돈도 절약할 수 있다. 집에 있는 도구들, 컵과 접시류를 사용하면 돈이 들지 않는 반면, 50번의 식사에 드는 플라스틱 그릇, 포크, 나이프와 컵의 비용은 100달러에 달할 수도 있다.

팝콘

상자 여러 개에 담긴 팝콘을 구매하는 대신에 영화관에서 팝콘을 다른 이들과 나누어 먹어라. 돈과 포장비를 줄일 수 있다. 현재 미국인들은 매년 약 190억 리터의 팝콘을 소비하는데 이는 일인당 약 59리터에 해당한다. 소비량의 30퍼센트는 극장, 스포츠 이벤트, 엔터테인먼트 무대, 유원지 그리고 그 밖의 오락 센터에서 소비된다. 사람들 절반이 팝콘을 다른 사람들과 나누어 먹는다면 27억 리터 이상의 용량을 서비스하는 데 드는 종이 포장지 비용을 절약할 수 있다.

레스토랑

먹다 남은 음식은 집으로 가져가고, 가능하면 작은 포장지에 싸달라고 부탁하라. 남은 음식은 기르는 개에게 주거나 잔디나 정원에 뿌릴 퇴비로 이용하라. 이렇게 하면 음식 찌꺼기를 줄일 수 있고 레스토랑에서 부담하는 폐기 비용이 줄어든다. 매립지에 쌓인 쓰레기의 12퍼센트는 음식물 찌꺼기이며, 미국에서 생산된 모든 음식물의 4분의 1은 버려진다.

탄산수

선택권이 있다면, 캔이나 플라스틱 병에 담긴 탄산수 대신에 종이컵에 든 탄산수를 식당에서 구입하라. 쓰레기로 버려지는 알루미늄 캔과 플라스틱 병이 줄 것이다. 종이(48퍼센트)는 알루미늄 캔(43.9퍼센트)이나 플라스틱 탄산수 병(25퍼센트)보다 새 제품 생산용으로 재활용되거나 재생되는 비율이 더 높다.

텔레비전

텔레비전을 보지 않을 때는 플러그를 뽑아두라. 돈과 에너지를 아낄 수 있다. TV에 사용되는 에너지의 10~15퍼센트는 전원 스위치가 '꺼져' 있을 때 소모된다. TV는 가정용 전기 요금의 10퍼센트 이상을 차지하며 보통의 미국 가정은 TV를 두 대 이상 보유하고 있다. 각 가정이 TV를 시청하지 않을 때 TV 플러그를 뽑아놓는다면 연간 에너지 사용료를 10억 달러 이상 절약할 수 있을 것이다. 벽에 고정된 스위치와 연결된 콘센트에 TV를 연결하면 플러그 뽑기가 더 수월하다.

티켓

영화표와 공연 티켓을 온라인이나 전화로 구입하고 집에서 표를 인쇄하라. 가정에서 인쇄할 때 쓰는 일반 복사지는 인쇄된 티켓에 사용되는 보드지보다 더 간편하게 재활용할 수 있다. 해마다 미국에서는 영화표만 14억 장이 판매되고 있는데 대부분은 쓰레기로 버려진다.

비디오카메라

비디오카메라를 버리는 대신에 판매하거나 기증하거나 재활용하라. 소비자들은 올해에 약 4억 개의 전자 제품을 폐기할 것이다. e폐기물은 가장 빠르게 증가하고 있는 도시 쓰레기이다.

환경 문제에 관심을 가진 사람들은 그라놀라 머리, '나무를 껴안는 사람들(tree huggers, 급진적인 환경보호 운동가)' 로 일컬어지고 괴짜 취급을 받곤 했다. 지금 그들은 '공상가' 로 일컬어지고 있으며, '나무를 껴안는 사람들' 은 중요한 환경보호 웹사이트이며, 어쩌면 그라놀라 머리 또한 그럴 것이다.

초기에 나는 오렌지 밭, 넉넉한 녹색 공간, 깨끗하고 맑은 공기, 완전히 살아 숨 쉬는 로스앤젤레스에서 자라나는 자연의 힘을 느꼈다. 여름에 요세미티 국립공원에서 일한 적이 있는데 그 공원의 아름다움은 즉각 나를 사로잡았다. 그것은 어쩌면 갈색 공기로 뒤덮인 로스앤젤레스를 바라보는 경험이었다. 나는 요세미티 공원에서 발견한 위안과 영감을, 그리고 자연에서 얻은 이런 느낌을 보호하고 싶었다.

하지만 솔직히 말하면 수많은 사람들이 실천하고 있는 방식인 나의 적극적 행동주의를 나는 우연히 발견했다. 정부는 우리 집 뒤뜰에 6차선 고속도로를 건설할 계획을 갖고 있었다. 그 고속도로는 자연 그대로의 유타 협곡을 가로지를 계획이었으므로, 그곳을 영원히 황폐화시킬 수 있고, 생태계를 파괴하고, 내 아이들이 숨 쉬는 공기와 마시는 물을 포함한 모든 것을 오염시킬 것이었다. 따라서 나는 그런 계획에 맞서 투쟁하기 위하여 지역 활동가들과 연대했으며, 우리는 당분간은 그런 계획들을 저지할 수 있었다. 그리고 환경과 미래에 변화를 가져오고자 하는 40년간의 탐구가 시작되었다.

민주당원이냐 공화당원이냐 아니면 무소속이냐 그런 것은 중요하지 않다. 환경 보호와 지구 온난화 같은 일들은 정치적 이해관계와 무관하기 때문이다. 그러나 종종 그런 문제들이 정쟁의 불씨가 되기도 하고 정치적인 조롱거리로 취급되고 있는 것은 사실이다. 정치는 언제나 평형 상태의 일부일 뿐이다. 우리가 선출한 공직자들은 항상 그 모든 일에 영향력을 끼칠 것이다. 정치 체제 전반은 화가 날 정도로 늦게 반응할 수 있으며, 궁지에 몰릴 때도 있고, 그 한계는 극복할 수 없는 것처럼 보일 수도 있다. 하지만 그때부터 영감이라는 작은 주머니는 서서히 열리기 시작하고, 서로 결합하기도 하고, 그리고 갑작스레 엄청난 변화로 나아가는 길을 터줄 수 있는 집단적 힘을 형성하기 시작한다.

나는 항상 미약한 행보들이 엄청난 변화로 이어질 수 있다는 데 희망을 품는다. 문제를 다루기 쉬운 규모로 끌어내려, 우리의 가정과 지역 사회에서 수용하고, 쓸모 있는 해결책이 담긴 활동을 취하게 하는 강력한 힘이 내재해 있다는 사실은 전반적인 상황만큼이나 중요하다. 충분히 많은 사람들이 실천할 수 있다면 그 사소한 일들은 큰일만큼이나 중요한 것으로 간주된다.

그리고 우리와 같은 관심사를 가진 사람들의 모임에는 매우 긍정적이고 민주적인 무언가가 있다. 우리가 이 세계를 대하는 방식은 사회구성원으로서 우리에 대해, 그리고 우리의 국가적 역량과 정신에 대해서 많은 것을 말해준다. 나는 우리 국민이 시대의 흐름을 바꿀 거라는 것에 대해 매우 낙관적이다.

이 책은 바로 이런 의미에서 중요하다. 그리고 당신의 현 상황이다. 그것은 당신의 미래다. 〞

로버트 레드포드
영화배우이자 감독. 환경보호 운동에 적극적으로 참여하고 있다.

THE GREEN BOOK

Chapter
03

여행

Travel

우리가 살고 있는
푸른 행성을 좀먹는 가족 휴가

전반적인 상황

관광업은 미국에서 세 번째로 큰 소매업으로, 자동차 판매업과 식료품점의 뒤를 잇고 있다. 그 규모는 1조 3천억 달러에 이른다. 사람들이 여행 관련 상품과 서비스에 하루 평균 34억 달러를 지출하고 있다는 뜻이다. 매일 약 260만 개의 호텔 객실이 이용되고 3만 번의 사업 목적의 비행이 이루어진다. 미국 성인의 91퍼센트는 1년에 13일을 휴가로 보낸다. 미국 여행자의 15퍼센트는 비행기를 이용하고(국내 비행 96퍼센트, 국제 비행 4퍼센트), 82퍼센트는 차를 직접 운전해서 떠나고, 3퍼센트는 버스·기차·배로 여행한다.

이 모든 이동은 엄청난 에너지 소비로 이어진다. 이것은 즐거움을 얻기 위해 필요한 가장 규모 큰 거래이다. 그리고 일과 관련해서도 마찬가지로 중요한 거래인데 사업상의 여행이 비행기 여행에서 차지하는 비중이 매우 크기 때문이다.

사실상 항공 여행은 빠르게 온실 가스를 배출하는 주범이 되고 있다. 점점 더 많은 사람들이 항공 여행을 선택하고 있다. 매년 7억 5천만 명이 미국을 드나들고 있다. 그리하여 대기권 상층에는 점점 더 많은 독성 물질이 배출되고 있는데 이는 지상에서 배출되는 것보다 대기권과 오존층에 더 피해를 줄 수 있다.

여행도 여행이지만 사람들은 휴가를 보내는 동안에 엄청난 양의 물을 소비한다. 관광업에 매년 3500억 리터 이상의 물이 사용되는데 이는 미국 전체 상업용 물 소비의 4퍼센트에 이른다. 일반적 수준의 호텔 객실에서 매일 790리터의 물이 소비되고 있다. 미국의 한 가정이 하루 종일 쓰는 물과 맞먹는다!

하지만 사람들이 휴가를 보내는 동안에 문제의 소지가 될 수 있는 것이 물의 소비만은 아니다. 때로는 바다, 호수, 강 그리고 습지대들이 휴양에 이용된다. 보트 타기, 수영, 카약 타기, 파도타기나 스노클링을 즐기는 여행자들은 훼손되기 쉬운 수중 생물 서식지(예를 들면 산호초)를 흩트리거나 오염시키거나 그 위를 걸어 다님으로써 생태계를 파괴시킬 수 있다. 도보 여행도 마찬가지다. 한두 명의 여행자들이 가시적인 피해를 불러일으킬 리는 만무하지만 시간이 흐르면서 수백 명의 발길이 지나가면 자연 그대로의 환경과 야생 생물에 우려할 만한 피해를 줄 수 있다. 이것은 캠핑이 미국에서 가장 인기 있는 야외 여가 활동임을 고려할 때 중요한 점이 아닐 수 없다.

이 모두를 염두에 두고 우리는 '손쉬운 행동들'을 고안해냈다. 전반적인 상황과 관련된 모든 중요한 사항들을 고려해볼 때, 다음과 같은 행동들을 실천하면 최소한의 노력으로 최대한 긍정적인 효과를 거둘 수 있다.

1 호텔 객실에 머무는 동안에는 같은 시트와 수건을 사용하라. 자기 집에서 매일 침대 시트와 수건을 새것으로 교체하는 사람은 별로 없을 것이다. 그런데 집을 떠나 있는 동안에는 왜 그렇게 할까? 보통의 호텔 객실에서 날마다 750리터 이상의 물이 소비된다. 우리가 집에서 하루 종일 쓰는 물 소비량과 거의 같다. 침대 시트와 타월을 세탁할 때 쓰이는 물을 줄이면 호텔에서 쓰는 물의 40퍼센트까지 절약할 수 있다.

2 그룹 여행을 해보라. 두 명이 아니라 4명이 택시를 함께 이용하면 연료 효율이 두 배로 높아진다.

> **더 나은 행동** 버스를 이용하라. 자동차로 1킬로미터를 갈 수 있는 연료로 버스로는 5킬로미터를 갈 수 있다.

3 짐은 가볍게 꾸려라. 여행자마다 짐이 4.5킬로그램 추가되면 매년 13억 3천만 리터의 제트 엔진 연료가 보충되어야 한다. 10년 동안 계속 보잉 747 점보제트기를 비행시키기에 충분한 양이다.

작은 실천들

 여행을 계획할 때

모험 여행

지난 5년간 9800만 명이 전 세계에 걸쳐 도보 여행, 자전거 여행, 급류 타기와 카약 여행을 했다. 모험 여행은 여행자들을 새로운 문화와 환경에 적극적으로 참여하도록 만들고, 야외에 대한 인식을 높이고 자연을 존중하는 마음을 키우는 좋은 기회가 된다.

카메라

필름 카메라 대신에 디지털 카메라를 사용하라. 해마다 약 6억 8600만 개의 롤필름이 현상되고 있는데, 인화에 사용되는 용액에는 특별히 취급하고 폐기해야 하는 유독성 화학물질이 들어 있는 경우가 많다. 일회용 카메라를 사용하지 말라. 일회용 카메라 상자는 재활용될 수 있는데도 반 이상은 쓰레기로 버려진다.

유람선 여행

유람선 여행보다는 친환경적인 선박 여행을 시도해보라. 선박 여행은 유람선 여행보다 승선하는 여행자 수가 더 적고 규모가 엄청난 유람선들만큼 항구와 바다에 피해를 주지 않는다. 유람선들은 기름과 오수를 흘려버릴 수 있고 물고기의 서식 환경을 변화시킬 수 있다. 거의 1200만 명이 해마다 유람선을 이용하는데, 대개는 북미에서 출항하며 약 170개의 항로가 운영되고 있다. 배 한 척은 시간당 수천 리터의 연료를 소비한다.

친환경 여행

지역 문화에 관심을 집중시키고 환경에 대한 의식을 고취시키는 친환경 여행을 떠나보자. 기존과 다른 사고방식을 배울 수 있고 돈을 절약할 수도 있을 것이다. 친환경 여행은 붐비지 않으며 사람들이 급속히 늘어나지 않는 행선지를 특징으로 한다. 친환경 여행을 통해 사람들은 환경적으로 민감한 지역들에 관심을 갖게 되고, 대략 2500억 달러가 개발 도상국의 경제에 투입된다.

여행안내서

여행 일정을 온라인으로 검색하고 실제로 필요한 참조 사항만 인쇄하라. 시간과 돈, 종이를 아낄 수 있다. 매년 100만 권의 여행안내서가 인쇄되는데 그중 18퍼센트만이 재활용되고 80만 권 이상은 쓰레기로 버려진다.

호텔

친환경적인 호텔을 이용해보라. 이런 호텔들은 경쟁하고 있는 보통 호텔과 비슷한 요금을 받고 있지만 물과 에너지를 절약할 수 있는 시설과 프로그램을 갖추고 있다. 친환경 호텔의 일반 객실에 묵을 때 에너지를 40퍼센트, 물을 20퍼센트 적게 사용하게 된다는 사실을 알면 마음 편히 잘 수 있을 것이다.

수화물 꼬리표

수화물 세트에 달려 있는 꼬리표를 사용하라. 공항의 탑승 수속 창구에서 종이뿐만 아니라 시간을 절약할 것이다. 미국의 모든 여행자들이 여행을 할 때 종이로 된 수화물 꼬리표를 사용하지 않으면 매년 6천만 장의 종이를 절약할 수 있다.

지도

종이 지도 대신에 온라인 지도나 차량의 위성 내비게이션을 이용하라. 온라인 지도는 무료다. 그리고 온라인 지도를 출력하는 경우 종이 지도를 사용할 때보다 재활용하기가 더 쉽다. 종이 지도는 특히 재활용하기가 어려우며 때로는 불가능하다. 종이 지도에는 잉크가 사용되기 때문이다. 쓰지 않는 지도가 있다면 버리지 말고 선물용 포장지로 재사용하라.

티케팅

종이 티켓 대신 전자 티켓을 사용하라. 표 한 장당 30달러를 절약할 수 있다. 항공업계는 종이 티켓을 없애 매년 30억 달러를 절감할 수 있을 것이다. 절감된 종이는 모든 인도 사람들에게 항공기 탑승권을 제공하기에 충분한 양이다.

비수기의 휴가

비수기에 여행을 떠나보라. 휴가철이 지나서 여행을 하면 경비를 40퍼센트 정도 줄일 수 있다. 많은 사람들을 피할 수 있을 뿐 아니라 어디든 줄을 서서 기다리지 않아도 된다. 주요 도시들과 행선지를 여행할 경우 도심의 교통 혼잡을 줄임으로써 환경에 끼치는 영향을 줄일 수 있고(교통량의 22퍼센트 정도를 줄일 수 있다) 자동차의 탄소 배출량을 14퍼센트 정도 감소시킬 것이다. 한 장소에 모여 있는 사람 수가 적으면 혼잡함이 줄 것이다.

세면도구

대개의 호텔에서 제공되는 샴푸와 비누, 치약 대신에 집에서 쓰던 것을 가지고 가서 사용해보라. 좀 이상한 향기가 나는 젤보다는 평소 즐겨 쓰는 제품을 쓰는 편이 나을 것이고 플라스틱 쓰레기도 줄일 수 있다. 라스베이거스에 있는 객실 300개 규모의 호텔은 매년 15만 개가 넘는 플라스틱 샴푸 용기를 쓰고 있다.

집을 비울 때

각종 전기 제품

집을 비울 때는 전기 제품의 플러그를 뽑아두라. 미국 가정에서는 예비 전력만 매년 50억 달러 이상을 낭비한다. 이는 미국 전역에서 소비된 모든 전력의 약 5퍼센트에 해당한다.

조명

옥외 현관 조명을 계속 켜두는 대신 타이머를 설치하라. 일반 가정은 100와트 전구 하나에 매년 약 13달러를 지출한다. 미국의 모든 가정이 휴가 중에 하루 24시간 일주일 내내 불을 켜놓는 대신 하루에 12시간 동안 불이 켜지도록 타이머를 사용한다면, 1억 8700만 달러의 에너지 비용을 절약할 수 있다!

우편물

집을 비우는 동안에는 우편물 배달을 중지시켜라. 그러면 우편집배원이 우편물을 당신의 집으로 배달하는 불필요한 일을 할 필요가 없을 것이고, 당신을 위해 친구들이 그 우편물을 보관해두고자 먼 곳까지 가는 수고를 할 필요도 없을 것이다. 미국 우정공사는 한 해에 대략 2120억 통의 편지, 광고지, 정기 간행물과 소포를 배달하고 있고 여기에 운임이 추가되므로, 연료값이 1센트 늘면 우체국은 800만 달러의 비용을 더 치른다.

신문

집을 비우는 동안 신문 배달을 중지시켜라. 쓰레기 버리는 일을 하지 않아도 될 것이고 돈을 절약할 것이다. 신문 공급자들 대부분은 당신이 며칠간 집을 비울 거라는 말을 믿을 것이다. 종이는 쓰레기 매립지에서 가장 큰 부분을 차지하는 폐기물이며, 신문의 30퍼센트 정도는 쓰레기로 버려지지 재활용되지 않는다.

차양

집을 비울 때 차양을 내려두라. 계절에 따라 커튼을 쳐두면 외부 열기가 차단되어 집 안이 서늘하게 유지될 것이다. 이렇게 하면 에너지 소비를 25퍼센트 정도까지 절감할 수 있다. 미국의 모든 가정이 여름철에 해가 비칠 때나 겨울철에 추울 때 커튼을 치면 같은 기간 동안에 일본인이 사용하는 에너지 양만큼 절약할 수 있다.

자동 온도 조절기

집을 비울 때는 자동 온도 조절기를 추운 달에는 10도에, 더운 달에는 30도에 맞춰두라. 얼마 동안 집을 비워두었느냐에 따라 집을 비웠을 때 드는 냉난방비를 매년 100달러까지 절약할 수 있다. 미국은 매분 100만 달러의 에너지를 사용한다. 자동 온도 조절기 다이얼을 돌려 에너지 사용량을 줄일 수 있다.

여행용 수화물

가능하다면 기내 휴대가 가능한 수화물만 가지고 여행을 하면 공항에서 기다리는 시간을 절약할 수 있다. 일반 항공 승객은 여행 가방을 되찾는 데 회전식 컨베이어에서 20~30분 정도 기다린다. 에너지가 소모되는 전기 모터가 멈추면 회전식 컨베이어는 작동하지 않는다. 산업용 에너지의 70퍼센트는 전기 모터를 돌리는 데 이용된다. 기내 휴대가 가능한 수화물만 가지고 여행을 하면 전기 모터에 소모되는 에너지를 절감하는 데 도움이 된다.

탑승 수속

셀프서비스를 시도해보고 집에서 인쇄한 탑승권을 사용하라. 직접 탑승 수속을 밟을 경우에 공항에서 줄을 설 필요가 없고, 항공사는 매년 10억 달러를 절약할 수 있다. 승객의 59퍼센트는 탑승 수속을 밟을 때 항공사의 주 발권대를 이용하는데 평균 19분이 소요된다. 키오스크에서 직접 탑승 수속을 하는 승객은 18퍼센트로 평균 8분이 소요되며, 10퍼센트는 길거리에서 수속을 밟는데 평균 13분 걸린다. 5퍼센트의 승객이 인터넷을 통해 탑승권을 발급받는데 그들은 곧바로 보안검색대로 갈 수 있다. 게다가 집에서 항공권을 인쇄하면 재활용한 종이를 이용할 수 있다. 탑승 직전에 나누어 준 보드지 탑승권은 재활용하기가 어렵다. 잉크로 인쇄되었고 뒷면에 자기 띠가 부착되어 있는 수가 많기 때문이다.

하이브리드 차 서비스

하이브리드 택시를 이용하라. 뉴욕 시 택시가 모두 하이브리드 차로 교체된다면, 배기가스 배출량이 줄어들 것이다. 그 결과는 도로에서 차량 2만 4천 대를 운행 정지시키는 것과 같다.

교통수단

공항까지 다른 사람과 함께 가고 비용을 동승자와 분담하라. 대기 오염과 교통 혼잡을 줄이는 데 도움이 될 것이다. 항공사는 미국에서 매년 약 7억 5천만 명의 승객을 실어 나르는데, 이것은 7억 5천만 명이 각자 자신의 여행 목적지로 출발하기 위해서 공항으로 가야만 한다는 사실을 의미한다. 만약 여행자의 10퍼센트가 다른 사람과 같이 공항으로 가 30달러를 분담한다면 연간 10억 달러 이상이 절약될 것이다.

호텔에서

조명

호텔 객실을 떠날 때 조명을 모두 끄고 나가라. 호텔 객실에서 소비된 에너지의 75퍼센트는 욕실 조명이 2시간 이상 켜져 있을 때 소비되는데 대개는 방이 비어 있을 때이다!

플러그/어댑터

여행 중일 때는 어댑터 플러그를 뽑아두라. 플러그와 어댑터는 종종 필요한 와트량을 정확히 일치시키지 못하여 에너지가 새어 나오는 수가 있다. 미국에서 어댑터 플러그를 뽑는 일이 제대로 실행되지 않을 때, 소비된 에너지의 5퍼센트는 낭비될 수 있다. 유럽과 일본에서 낭비되는 에너지는 10~15퍼센트인데, 해외여행을 할 경우에는 이보다 더 많은 에너지가 낭비된다.

세탁하기

집으로 돌아갈 때까지 세탁을 미루어라. 그러면 비용이 훨씬 적게 든다. 호텔에서는 옷 한 벌을 세탁하여 다리는 데 몇 달러를 청구할 것이다. 호텔은 매년 객실당 63830리터의 물을 쓴다. 실제로 평균 150개 객실을 갖춘 호텔에서 일주일에 쓰는 자원의 양은 한 해 동안 100가구가 쓰는 자원의 양과 같다.

 관광/명소를 둘러보기

임대 자동차

하이브리드 차나 좀 더 연비가 좋은 운송 수단을 이용해보라. 하이브리드 임대 자동차는 일반적인 세단이 가솔린을 가득 채웠을 때 달리는 거리의 3배를 갈 수 있다. 미국에는 임대 자동차가 170만 대 있다. 모든 임대 자동차가 하이브리드 차였다면 차에 가솔린을 한 번 가득 채워 달릴 때마다 3400만 리터의 가솔린을 절약했을 것이다.

장소

잘 알려져 있지 않고, 사람들이 붐비지 않는 곳, 혹은 환경적으로 민감하지 않은 장소를 찾아보라. 이미 인구가 조밀한 지역에 사람들이 몰리게 되면 폐수, 쓰레기, 열기, 소음, 차량의 배기가스로 오염이 증대될 수 있다. 로마의 콜로세움은 교통 체증과 관광으로 인해 대기 오염이 심해짐에 따라 부분적으로 파괴되었다.

보행로

관광을 하거나 도보 여행을 할 때 사람이 다니는 길을 이용하라. 민감한 서식지 내에서 초목이 죽고 낙석이 생기는 것은 지나치게 많은 사람들의 발길 때문인 경우가 많다.

기념품

다른 곳에서 값싸게 만들어진 것보다는 그 지역 제조업자가 만든 기념품을 구입하라. 그것이 방문지의 지역 경제를 후원하는 일이다.

물병

여행을 할 때 물병이나 보온병, 수통을 가지고 다니며 다시 물을 채워 써라. 미국 사람들은 병에 담긴 물을 하루에 평균 0.24리터 마신다.

플라스틱이 석유에서 추출된다는 것을 고려해보면 미국인이 마시는 병에 담긴 물의 수요를 충족시키기 위하여 연간 150만 배럴의 석유가 필요하다. 이 석유가 가솔린으로 정제된다면, 가솔린 총량은 가족을 싣고 대륙 횡단 길에 오르는 50만 대의 스테이션왜건에 공급하기에 충분한 양이다.

❝ 내 인생에서 무한한 기쁨을 준 두 가지 활동이 있다. 둘 다 매우 단순한 일인데 전기 자동차를 운전하는 일, 그리고 유해한 쓰레기를 모으는 시설을 찾아가는 일이다.

첫째로 전기 자동차를 운전하는 일은 지극히 재미나다. 사람들은 자주 나를 찾아와 질문을 던져댄다. 전기 자동차를 운전하는 일은 어때요? 놀랄 만큼 기운 넘치는 일이에요. 전기 자동차는 어떻게 작동하나요? 집에서 밤새 충전기로 충전시키면 됩니다. 당신 차는 어떤 종류죠? 내 차는 한 번 충전으로 130킬로미터 정도 갈 수 있는데, 도시 내에서만 운전한다면 한 번 충전해 일주일 내내 운전할 수 있습니다. 체중을 줄이면 운전 거리가 더 길어집니다! 실제로 나는 사람들에게 하이브리드 차를 운전해보면 다른 종류의 차는 운전하지 않을 거라고 끊임없이 말한다. 배기가스를 전혀 배출하지 않으며, 소음이 덜하고, 전기 요금은 갤런당 30센트에 불과하다. 석유 업계와의 관계를 보면 자동차 업계에서 하이브리드 차들의 생산을 중지하고 생산 계획을 백지화하기 시작했다는 사실은 놀라운 일이 아니다. 하지만 흐름을 돌이킬 수는 없다. 자동차 업계는 친환경 차 생산 계획을 세울 것이다. 기회가 있다면 하이브리드 차를 구매하라. 그 차를 운전할 때 미소 짓게 될 것이다.

이제 내 전기 자동차를 몰고 위험물 폐기장까지 갈 때…… 주의를 기울여보라. 차고에서 쓰다 남은 페인트, 낡은 배터리, 오래된 가전제품이나 전자 제품 조각들을 꺼내 내 전기 자동차에 싣는 일보다 더 흥분되는 일은 없다. 우리가 마치 가족처럼 이런 물건들을 쓰레기 매립지에 던져 버리지 않는 일은 굉장한 느낌을 준다. 그런 물건들이 올바르게 처리되고 있는 것이다. 그리고 이 점이 가장 중요한 부분이다! 폐기물 수집 장소에 차를 세운 뒤에는 결코 차 밖으로 나올 필요가 없다! 현장에서 일하는 사람들이 트렁크를 열라고 한 뒤에 나머지 일을 처리한다.

이런 소소한 행위들이 중요한 일들이 된다는 것은 아주 흥미롭다. 🙷

월 페렐

배우, 성우. NBC TV에서 조지 부시 대통령을 흉내 내는 코믹한 연기로 스타덤에 올랐으며, 〈오스틴 파워〉에서 무스타파로 출연했다.

통신과 기술

Communication/Technology

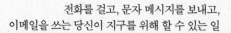

전화를 걸고, 문자 메시지를 보내고,
이메일을 쓰는 당신이 지구를 위해 할 수 있는 일

전반적인 상황

주의 깊게 들어보라. 통신 혁명은 세계를 기계 장치들로 꽉 채우고 있다. 우리는 아프리카 한복판에서 휴대폰을 사용할 수 있고, 대서양을 횡단하는 동안에 노트북으로 친구에게 이메일을 보낼 수 있다. 기술의 발달은 놀라운 일이지만 대가도 치러야만 한다. 이를테면 e폐기물이 넘쳐난다.

전자 제품 폐기물은 세계 도처의 쓰레기 매립지에 버려지는 쓰레기 중 가장 빠르게 증가하고 있는 쓰레기이다. 그리고 이것은 '유용한' 쓰레기도 아니다. 컴퓨터 모니터에는 납이 들어 있다. 배터리에는 리튬이 들어 있다. 게다가 아연, 수은, 구리도 있는데 이 성분들은 오늘날 사용되는 기계류에 내장된 전자 부품에 들어 있다. 이것들을 소각할 때 우리가 호흡하는 공기가 오염된다. 퇴적되면 독소가 땅으로 침투하고 토양과 지하수를 오염시킨다.

문제는 심각하다.

약 1억 3천만 대의 휴대폰이 매년 아무렇게나 버려진다. 머지않아 해마다 구매되는 만큼의 휴대폰이 폐기될 것이다. 지구에 휴대폰이 약 20억 대 있다고 생각해보자. 그러면 수많은 작은 스크린이 이 세상에 있는 것이다. 여기에 5천만 대의 컴퓨터 모니터가 추가되고, 그렇게 해서 생긴 쓰레기 더미를 다른 폐기물 더미 꼭대기에 쌓는다면 지구에서 가장 먼 거리에 있는 궤도를 돌고 있는 인공위성에까지 이를 것이다.

그리고 여기엔 지하실이나 다락방에 있는 낡고 먼지 자욱한 팩스, 컴퓨터, 휴대폰 같은 물건들은 하나도 고려하지 않았다. 이렇게 방치된 전자 제품이 어림잡아 20억 개는 될 것이다.

그런 전자 제품들을 잡동사니와 함께 버릴 수는 없다. 많은 연방주들은 컴퓨터, 텔레비전, 휴대폰과 유해한 쓰레기로 분류되는 다른 전자 기구들을 그런 폐품을 특별히 취급하는 회사를 통해서 처리하도록 법으로 정해 놓았다. 유럽에서는 어떤 유형의 전자 제품은 심지어 판매를 법률로 금지하고 있다.

유감스럽게도 폐기 처분된 생산물들의 무덤은 인도와 아프리카 같은 제3세계이다. 하지만 이것은 부담을 옮겨놓은 것일 뿐이다. 그곳에서 폐기되는 전자 제품 쓰레기는 위해한 요인들을 악화시킨다. 왜냐하면 종종 유독한 물품들은 소각되므로, 유독한 가스는 공기 중으로 날아가고…… 그 유독한 가스는 공기 중을 떠돌다 정확히 이 나라로 되돌아와 지면에 내려앉는다. 끔찍한 일이다.

눈에 보이지 않는 일들이 전자 공학 세계 도처에서 일어나고 있는데, 가령 누전과 같은 것이 있다. 전자 기기들이 작동하는 동안 멀티탭은 에너지를 계속해서 소모한다. 심지어 이메일을 보낼 때에도 볼 수는 없지만 에너지가 쓰인다.

그렇지만 분명한 사실은 통신과 기술이 우리 삶에 깊이 파고들어와 있다는 점이다. 보통의 미국 가정은 24종의 전자 기기들을 소유하고 있다. 예를 들어 컴퓨터, 휴대폰, 텔레비전, VCR, DVD 플레이어, 자동 응답기, 프린터 등이 있다.

이 모두를 염두에 두고 우리는 '손쉬운 행동들'을 고안해냈다. 전반적인 상황과 관련된 모든 중요한 사항들을 고려해볼 때, 다음과 같은 행동들을 실천하면 최소한의 노력으로 최대한 긍정적인 효과를 거둘수 있다.

손쉬운 행동들

1 휴대폰을 재활용하라. 가지고 있는 휴대폰을 자선단체에 기부하거나 제삼자인 재활용하는 사람에게 팔아라. 그러면 때로는 휴대폰 가격에 대한 세금 공제를 받을 수 있고 재활용하는 사람에게서 돈을 받을 수 있다. 현재 휴대폰의 5퍼센트만이 재활용되고 있으며, 미국에만 재사용되지 않고 있는 중고 휴대폰이 5억 대 있다!

2 전원을 차단하라. 전기 기기들이 꺼져 있을 때 집에서 사용한 전력의 10퍼센트는 통신 기기에 의해서 소비된다! 미국의 모든 가정이 컴퓨터와 휴대폰 충전기를 사용하지 않을 때 플러그를 뽑아둔다면, 1억 달러 이상을 절약할 수 있을 것이다. 캘리포니아 주의 5세 미만 저소득층 아이들 모두에게 무료 보건 치료를 해주기에 충분한 금액이다.

3 소프트웨어를 다운로드하라. 대부분의 소프트웨어는 콤팩트디스크로 나오고 있으며 연간 판매되는 콤팩트디스크는 300억 장 이상이다. 지구를 에워싸기에 충분한 양이다. 지구에 살고 있는 사람들 모두에게 해마다 5장의 CD가 돌아가는 것과 같다. 컴퓨터 디스크용으로 생산된 10억 장 이상의 CD가 사용되지 않고 매년 버려지고 있으며, 포장 재료들은 논외로 치고 CD 쓰레기 더미만 5500만 상자에 이른다. 대개의 소프트웨어는 온라인으로 다운로드할 수 있다.

작은 실천들

자동 응답기

자동 응답기 대신 음성 메일을 사용하라. 자동 응답기는 하루 24시간 일주일 내내 에너지를 소모한다. 정상적으로 작동하지 않을 때는 쓰레기 매립지로 가 유해한 폐기물이 된다. 미국의 가정에 있는 모든 자동 응답기들이 음성 메일 서비스로 교체된다면 연간 20억 킬로와트시에 달하는 에너지가 절감된다. 대기 오염이 줄어드는 효과로 따지자면 한 해에 도로에서 25만 대의 차를 운행 중지시키는 것과 같다.

자동 스위치

'자동 스위치' 멀티탭으로 교체하라. 가장 중요한 가정용 전기 기구가 꺼졌을 때 멀티탭에서 전기가 차단되어 매일 4킬로와트시 정도까지 절전할 수 있다. 미국의 모든 가정에서 더 효율적인 멀티탭을 사용한다면, 한 해 동안 4만 가구에 공급하기에 충분한 전력을 절약할 수 있다.

컴퓨터

절전 모드를 사용하라. 컴퓨터 모니터와 CPU에 저전력 절전 모드를 설정하는 것만으로 해마다 75달러를 절약할 수 있다.

디지털

모든 제품을 디지털 방식 제품으로 바꿔라. 휴대폰, 심지어는 텔레비전조차도 2009년을 기점으로 디지털 신호를 사용해야 한다. 디지털 튜너가 없이 안테나에만 의존하는 텔레비전 수상기들은 모두 외부의 디지털 방송 수신기 없이는 텔레비전 방송 수신이 불가능해질 것이다. 따라서 아날로그 TV를 구입한다면, 결국엔 TV 수상기를 버려야만 할 것이다. 지금도 2천만 세대가 단방향 텔레비전을 이용하고 있는데, 단방향 텔레비전들은 조만간 쓰레기 매립지에서 사장될 것이다.

디스크

가능하다면 블루레이 디스크를 활용하라. 이 포맷의 저장 용량은 기존 디스크의 다섯 배이다. 디스크 절반은 종이로 만들어졌기 때문에 조각조각 찢을 수 있어 기존의 CD들보다 폐기 처분하고 재활용하기가 더 쉽다.

헤드폰

전화기용 무선 헤드폰을 되도록 사용하지 말라. 무선 헤드폰에는 배터리가 사용된다. 매년 무선 헤드폰에 사용하기 위해 3억 5천만 톤 이상의 버튼 사이즈 배터리가 판매된다. 그런 배터리에는 수은, 납, 아연이 들어 있어 적절하게 처리하지 않으면 공기와 물을 오염시킨다. 배터리를 쓰레기와 함께 버려서는 결코 안 된다. 반드시 유해물 쓰레기를 폐기 처분하는 장소에 버려야 한다.

초고속 인터넷

더 빠른 인터넷 접속 서비스를 이용하라. 시간을 아낄 수 있고 궁극적으로는 돈과 에너지를 아낄 수 있다. 고속 인터넷 접속자들은 전화회선을 이용하는 사용자와 비교해서 보통 두 배나 많은 일을 해낸다. 전화 회선을 이용하여 한 시간 동안 할 수 있는 일을 광대역망을 통해서는 30분에 해낸다는 의미이다. 하루 종일 인터넷을 사용하는 경우 인터넷 효율이 증대되며, 인터넷을 사용하지 않을 때 컴퓨터 전원을 끄면 해마다 에너지 사용료에서 30달러 이상을 절약할 수 있다.

메시징(전자 통신)

문자 메시지나 이메일을 보낼 때 아주 빠르게 한 줄씩 적어 보낼 수 있는 컴퓨터 대신에 포켓용 컴퓨터나 휴대폰으로 전송하라. 시간과 에너지를 아낄 수 있다. 컴퓨터로 이메일을 보내고 문자 메시지를 보내면 메시지당 전기를 30배 이상 더 사용한다.

호출기

휴대용 무선 호출기를 내다 버리지 말라. 리모컨이나 시계같이 전기를 조금 사용하는 물품에 무선 호출기에 들어 있던 배터리를 재사용해보라. 휴대폰이 널리 보급되기 전인 1998년에는 4500만 명 이상이 휴대용 호출기를 갖고 있었다. 그러니 9천만 개의 배터리(소형 호출기에는 배터리가 두 개 들어간다)를 아껴서 채널을 이리저리 돌리는 데 사용할 수 있었다는 의미이다.

개인 휴대용 정보 단말기(PDA)

유해 물질 관리 규정을 따르라. 즉 유해한 소재들의 양을 줄여라. 미국에서는 스마트 폰을 제외하고 연간 천만 대의 PDA가 판매되었다. 휴대폰과 마찬가지로 PDA 안에 들어 있는 납은 쓰레기 매립지에서 유출될 수 있고 지하수를 오염시킬 수 있다. 진공관이 부서지고 연소된다면 공기 중으로 유독 가스를 내뿜게 된다. 개인 휴대용 정보 단말기와 다른 전자 기기들을 적절하게 폐기 처분하면 쓰레기 매립지에 유독한 폐기물이 집중되는 정도를 줄일 수 있다. 현재 쓰레기 매립지에 있는 납의 40퍼센트와 중금속의 70퍼센트는 전자 제품 폐기물에 원인이 있다고 본다.

멀티탭

사용하지 않을 때는 멀티탭 전원을 꺼라. 보통의 미국 가정에서 지속적으로 50와트 정도가 새나가고 있다. 새나가는 소량의 전력을 무시함으로써 한 해에 낭비된 전력이 10억 달러에 이른다.

전력 사용

노트북처럼 전력 소비가 상대적으로 적은 소형 기기들을 사용하라. 현재 다수의 노트북들은 심지어 여러 데스크톱 컴퓨터들보다 저렴하며, 에너지를 50퍼센트 이상 적게 쓴다. 미국의 모든 컴퓨터 사용자들이 노트북을 사용한다면 에너지 비용을 약 25억 달러 절약할 수 있을 것이다.

66 이 세상을 위해 중요한 정보들이 있는데, 이를테면 내가 샤워하는 데 걸리는 시간 같은 것 말이다. 농담이 아니다. 나는 3분간 샤워를 한다. 가능하면 그보다 더 짧게 한다. 거기에는 정당한 이유가 있다. 심지어 샤워하는 동안에 양치질을 한다. 이유는 이렇다. 2분 동안 샤워하는 데 사용되는 물의 양이 아프리카에서 한 사람이 하루 종일 쓰는 물의 양과 같다는 사실을 알았기 때문이다! 마시고, 목욕하고, 요리하고, 세탁하는 데 쓰이는 모든 물의 양 말이다.

자신의 행동과 그 행동의 효과를 인지하고 있는 사람이라면 작은 변화를 원하게 될 것이다. 가령 물 소비가 그렇다. 이제 내가 양치질과 샤워를 동시에 하는 이유를 알게 되었을 것이다. 휴대폰 충전기를 사용하지 않을 때 플러그를 꽂아놓으면 계속 에너지가 소비된다는 사실을 알고는 나는 플러그를 뽑기 시작했다. 나는 하이브리드 차가 휘발유를 덜 소비하고 연비가 더 좋다는 것을 알고는 프리우스를 구입했다.

모든 것을 의식하게 되고 더 잘 알게 되면 그 다음에는 습관에 사소한 변화가 일어난다. 당신이 어린아이라면 어머니가 방을 치우고 불을 끄라고 말할 것이다. 그러면 당신은 어머니 말대로 한다(적어도 때로는 그렇게 할 것이다). 그것은 무의식적인 습관이 될 것이다. 일상생활에서 실천할 수 있는 일로 아주 이치에 맞고 환경에 도움이 되는 새로운 일을 알게 되면 나는 그 일을 한다. 결국은 그것이 제2의 천성이 된다.

우리가 서로 배우고 행동의 일부를 같이 해나간다면 우리는 이런 작은 의식적 행위를 통해서 이 세상을 더 나은 곳으로 만들 수 있을지 모른다. 왜 해야 하지 하는 생각 없이, 혹은 누군가의 말을 들어서가 아니라 그저 올바른 일을 실행에 옮기는 것이다. 이제 나의 샤워에 대해……. **"**

제니퍼 애니스턴

배우. 시트콤 〈프렌즈〉의 레이첼 그린 역으로 유명해져 골든글로브상과 에미상을 수상했다.

학교

School

마음에 대해 신경 쓰지 않는 것보다 더 끔찍한 것이
쓰레기에 대해 신경 쓰지 않는 것이다

전반적인 상황

미국에는 7550만 명의 학생이 학교에 다니고 있으며, 그들이 배출하는 쓰레기는 심각한 지경이다. 미국의 칼리지와 종합 대학에서는 한 해에 360만 톤의 쓰레기가 배출되는데 나라 전체 쓰레기량의 2퍼센트에 해당된다. 여기에 중고등학교, 초등학교, 그리고 유치원에서 나오는 쓰레기를 더하면 믿기 어려운 수치가 나온다.

학교 쓰레기의 절반은 종이다. 필기 용지, 도화지, 복사지, 테스트 용지, 시험지 등등의 종이 말이다. 상당수가 재활용되지만 상당수는 그렇지 않다. 실제로 종이의 절반 이상이 재활용되지 않고 쓰레기와 함께 바로 버려지고 있다.

한편, 학교에서 급식하는 음식물의 상당량은 쓰레기가 된다. 초등학교 한 곳에서만 매년 8.5톤의 점심 식사 쓰레기가 배출되고 있다. 아이들이 음식을 적게 먹는다면 상황은 더 나을 것이다. 1970년대 이래로 2~5세의 취학 전 아동과 12~19세 청소년의 비만율은 두 배 이상 증가했다. 6~11세 아이들의 경우 비만율은 3배나 증가했다. 6세 이상의 아이들 약 900만 명은 비만으로 간주된다. 10대 청소년의 상황도 양호하지는 않다. 10대의 23퍼센트는 주중에 정크 푸드를 많이 먹고 있다고 대답했다. 61퍼센트는 정크 푸드를 약간 사먹고 있고, 14퍼센트는 거의 먹지 않는다고 말했다. 2퍼센트만이 전혀 먹지 않는다고 대답했다. 여기에 환경에 영향을 끼치는 요인이 있다. 67퍼센트의 아이들이 학교에 설치된 자동판매기에서 정크 푸드와 탄산수를 구매한다고 했다. 더 많은 포장지가 소비되고 쓰레기로 배출된다는 의미이다.

학생들이 새로운 습관을 익힐 필요가 있다는 것은 명백하다. 하지만 어떤 일들은 학생들이 관리할 수 없다. 가령 교실을 냉난방하고 조명을 밝히는 일 등이 그렇다. 학교들은 에너지 비용으로 연간 60억 달러를 지출하는데, 그중 25퍼센트인 약 15억 달러는 에너지 사용의 비효율성 때문에 낭비되었다. 이 금액은 3만 명의 선생님을 새로 고용하는 데 드는 비용과 같다.

에너지 보존을 실천하는 일은 뇌수술 같은 것이 아니다.…… 전등을 끄는 일처럼 쉬운 일이다.

이 모두를 염두에 두고 우리는 '손쉬운 행동들'을 고안해냈다. 전반적인 상황과 관련된 모든 중요한 사항들을 고려해볼 때, 다음과 같은 행동들을 실천하면 최소한의 노력으로 최대한 긍정적인 효과를 거둘 수 있다.

1 **쓰레기가 나오지 않게 점심 도시락을 싸라.** 비닐봉지, 플라스틱 도구들, 일회용 기, 종이 냅킨, 갈색 종이가방 사용을 줄여라. 대신에 재사용 가능한 도시락통 과 음료 용기, 천 냅킨과 은그릇을 사용하라. 한 해에 250달러를 절약할 수 있다. 또 절약된 쓰레기량은 9세 아동의 평균 체중과 같을 것이다.

2 **걸어서 통학하라.** 학교에서 1.6킬로미터도 안 되는 거리에 사는 아이들 중 31 퍼센트만이 걸어서 학교에 간다. 모든 학생들의 절반이 차로 통학한다. 자동차로 학교에 가는 학생들의 6퍼센트가 걸어서 통학한다면, 하루에 150만 달러를 절약하고 휘발유 22만 7천 리터를 절약할 것이다!

3 **백지는 양면을 사용하고 재활용하라.** 종이는 학교에서 배출되는 쓰레기 중 규모가 가장 큰 쓰레기이다. 종이 1톤, 곧 22만 장을 재활용하면 거의 17그루의 나무를 벌목하지 않아도 된다. 일반적인 학교에서 매년 38톤, 즉 8백만 장 이상의 종이가 쓰레기로 버려진다!

작은 실천들

 학교 가는 길

자전거

학교로부터 3.2킬로미터 이내에 거주하는 학생들의 2.5퍼센트만이 자전거로 학교에 간다. 버스나 자동차를 이용하지 않는 그 60만 명의 학생들로 인해 하루에 거의 38만 리터의 휘발유가 절약된다.

버스

통학할 때 되도록이면 자동차보다는 버스를 이용하라. 보고에 따르면 통학 버스는 해마다 어림잡아 100억 명의 학생들을 통학시키고 있으며, 개인 운송 수단보다 교통사고가 훨씬 적게 발생한다고 한다. 차로 1킬로미터 갈 수 있는 에너지로 버스는 사람을 가득 태우고 5킬로미터 이상을 달릴 수 있다.

자동차 함께 타기

카풀은 시간과 돈을 절약한다. 학교에 다니는 아이들을 둔 어머니들은 보통 평일 하루에 운전하는 데 66분을 소요하고, 집에서 학교까지 5회 이상을 오가며 그 거리는 46킬로미터가 넘는다. 카풀을 이용하면 시간과 휘발유를 절약할 수 있다. 게다가 교통 정체가 줄 것이다. 그런 교통 정체로 미국인들은 한 해에 연료와 시간을 780억 달러어치 낭비한다.

 교실에서

칠판지우개

칠판지우개 터는 일은 교실 밖에서 하는 것이 안전하다. 칠판이 있는 교실에 설치된 전자 설비는 그렇지 않은 전자 설비보다 청소를 두 배 자주 해주어야만 하고 분필 먼지가 날리는 교실을 청소하는 데는 비용이 더 많이 든다.

칠판

칠판 대신에 화이트보드 사용을 요청하라. 분필은 손과 주위의 학습 도구들에 가루를 묻히고, 알레르기 반응을 일으키며, 컴퓨터를 손상시킨다. 화이트보드에 독성이 없고 지울 때 가루가 날리지 않는 매직펜을 사용하면 분필 먼지가 일으키는 피해를 줄일 수 있다.

분필

먼지가 나지 않는 분필을 사용해달라고 요청하라. 그런 분필을 사용하면 천식과 호흡기 질환을 악화시키는 먼지들에 노출되는 위험을 줄인다. 천식은 미국에서 500만이 넘는 취학 아동들과 청소년들의 건강을 해치고 있는데 이는 11명 중 1명꼴이다. 천식은 장기간에 걸친 결석의 주된 원인이다.

크레용

파라핀 왁스로 만든 크레용을 사용하지 말라. 그것은 석유로부터 추출된다. 그 대신 콩기름으로 만든 크레용을 사용해보라. 그런 크레용은 독성이 없고 무해하다. 미국은 세계 최대의 콩 생산국이다. 미국에서 생산되는 콩으로 1조 개가 넘는 크레용을 생산할 수 있다. 석유에서 추출하지 않고서 말이다.

매직펜(마커)

어떤 매직펜은 불쾌한 냄새가 나는 화학 약품이 들어 있다. 독성 화학 약품은 매직펜류가 폐기 처리된 쓰레기 매립지로부터 지하수로 스며들 수 있다. 그런 펜 대신 심지를 다시 채워 쓸 수 있고 무독성 잉크를 쓰는 수성 매직펜을 사용하는 것이 좋다.

연필

재활용 재료로 생산한 연필을 사용하라. 또 가볍게 포장되어 있거나 재활용할 수 있는 포장지로 포장한 제품을 선택하라. 연필은 낡은 가구, 옛날 돈과 종이처럼 버려지는 소재들로 생산할 수 있다. 연필은 해마다 1억 2100만 달러어치가 구매되고 있는데, 전부 재활용 재료로 생산하는 것도 가능하다.

펜

심을 갈아 끼워 쓸 수 있는 펜을 사용하라. 그 비용은 1달러 미만으로, 일회용 펜 값과 거의 같다. 펜들은 종종 쓰레기로 버려지는데 그러면 재활용되거나 재사용되지 않는다. 펜과 그 포장 재료는 재생이 안되는 자원들로 만들어졌고 환경에 유해한 화학 성분들이 들어 있을 수도 있다. 매년 미국인들은 16억 자루의 펜들을 폐기한다. 이 펜들을 끝과 끝을 붙여서 늘어놓으면 그 길이는 24만 킬로미터 이상일 것이다. 이는 로스앤젤레스에서 도쿄까지를 25번 이상 가로지르는 길이이다!

교과서

중고 교과서를 구입하고 교과서를 사용한 다음에는 판매하라. 돈을 벌 수 있으며 거의 85퍼센트를 절약할 수 있다. 유치원에서 대학까지 해마다 약 100억 달러어치의 교과서가 판매된다. 이 중 1퍼센트만 재활용해도 4년간 공립 대학에 다니는 4천 명 이상의 학생들을 무상으로 교육하기에 충분한 돈을 절약할 수 있을 것이다!

실내 온도

교실 온도를 섭씨 20~23도로 유지해달라고 선생님들에게 요청하라. 학습 환경을 개선하고 에너지를 절약할 것이다. 실내 온도를 일정하게 유지한 교실에서, 학생들은 좀 더 춥거나 좀 더 더운 온도에서 테스트나 시험을 치를 때보다 더 높은 점수를 얻었다. 더욱이 실내온도를 낮추면 교실당 냉난방 요금의 2퍼센트를 절약할 수 있다.

 점심시간

음식 기부

사용하지 않은 카페테리아 음식을 폐기하는 대신에 학교에 맞는 음식물 기부 프로그램을 찾아보라. 주 정부가 공인한 학교들(3600개교)이 한 학년 내내 기부 프로그램에 참여했다면 그 절약분으로 기아 상태에 있는 200만 명이 넘는 사람들에게 한 끼의 식사를 제공할 수 있다.

음식의 유형

재사용 가능한 도시락 용기에 담긴 샌드위치, 신선한 과일, 신선한 채소와 맛있는 음식은 카페테리아 음식과 포장된 음식보다 건강한 대안이다. 그런 음식물들은 다량으로 구매할 수 있어 돈과 포장비를 아낄 수 있다. 포장지는 재사용과 재활용을 위하여 집에 보관해둘 수 있다.

껌

씹던 껌을 바닥에 뱉거나 책상 아래에 붙이지 말고 쓰레기통에 버려라. 미국인은 매년 평균 190개의 껌을 씹는다. 전부 570억 개에 달하는 껌들로 폭 6킬로미터 길이 10킬로미터에 달하는 면적 이상을 채울 수 있다.

재활용

재활용을 실천하고, 선생님들뿐만 아니라 동료 학생들에게 재활용을 권하라. 쓰레기 매립지로 가는 쓰레기의 90퍼센트를 재활용하면 초등학교 한 곳에서 매년 쓰레기 매립지에서 폐기 처분하는 데 드는 비용 6천 달러를 절약할 수 있다.

자동판매기

자동판매기에서 음료수와 스낵을 구입하지 말라. 초등학교의 43퍼센트, 중학교의 89.4퍼센트, 고등학교의 98.2퍼센트에 이르는 학교에 자동판매기, 학교 매점, 식당 또는 스낵바가 있다. 이런 데서 팔리는 물품들은 대개 플라스틱 포장지로 보존 가공되어 있는데, 이는 쓰레기 매립지를 채우는 주범들이다.

숙제

도서관 도서

책을 찾아보기 위해 지역 도서관을 순회하는 대신에 디지털 도서관이나 월드 와이드 웹을 이용하라. 시간과 돈을 절약할 것이다. 공공 도서관에서 한 해에 19억 권의 도서가 대출된다. 한 사람당 7권꼴이다. 모든 미국인이 한 해에 책 한 권을 온라인으로 대출해서 보았다면 도서관 서가로 가는 3억 번의 이동이 필요치 않았을 것이다.

학용품

접착성 노트

100퍼센트 재활용된 제지용 섬유나 이미 사용한 종이가 적어도 30퍼센트 정도 함유된 종이 노트를 찾아보라. 떼었다 붙였다 할 수 있는 노트는 해마다 약 10억 달러어치가 판매되고 있다. 100장 한 묶음이 약 1달러 25센트에 팔리고 있으므로 작은 스티커 형태의 노트들이 해마다 거의 800억 권 사용되고 있다는 뜻이다.

바인더

종이, 마분지, 강철과 같이 재활용 소재로 된 바인더를 사용하고 매년 재사용해보라. 학생들의 80퍼센트가 그런 바인더를 사용한다면

500만 평방미터 면적의 바인더를 만들 수 있는 재료가 절약될 것이다. 그 면적은 캘리포니아 주립대학의 버클리 캠퍼스보다 넓다.

파일 폴더

100퍼센트 소비 후에 재활용된 제지용 섬유로 만든 파일 폴더를 사용해보라. 이 제지용 섬유는 쓰레기에서 수거된 종이에서 추출한 것이다. 일반적으로 나무에서 생산된 최초의 종이 대신에 재활용 종이를 구입하면 이 재료들에서 나오는 고형 쓰레기를 거의 50퍼센트 가까이 줄일 수 있다. 게다가 폴더를 안팎으로 뒤집어서 재사용할 수 있다. 그런 행동은 종이가 쓰레기의 절반을 차지하고 있는 상황에서 의미 있는 행동이다.

노트

소비 후 제지용 섬유가 20퍼센트 함유된 철사로 묶은 노트들을 사용해보라. 그런 노트들을 사용하면 돈이 덜 들고 쓰레기 매립지의 쓰레기를 줄이는 데 도움이 된다. 제지공장은 가공되지 않은 제재목으로 종이를 생산하는 것보다 재활용된 재료로 종이를 생산하는 데 에너지를 20퍼센트는 적게 사용한다. 우리가 버리는 쓰레기 100킬로그램 중 39킬로그램을 차지하는 것이 종이이다.

종이

재활용된 종이를 구입하고 염소 성분이 함유된 종이는 사지 말자.

소비 후 재활용된 종이는 생산하는 데 에너지가 44퍼센트 덜 들고, 온실 가스 배출을 37퍼센트 정도 줄이며, 고형 쓰레기를 48퍼센트 적게 배출한다. 소비 후 재활용된 종이는 종이 부스러기나 베어낸 조각들로 생산된 소비 전 재활용 종이와는 대조적으로 사용한 뒤에 버려진 것이다. 우리가 종이 사용량을 절반으로 줄인다면 천 곳이 넘는 쓰레기 매립지가 깨끗한 공간으로 되돌아갈 것이다.

종이 클립

종이 클립을 재활용하고 갖고 있는 종이 클립을 재사용하라! 매년 종이 클립은 이 세상 모든 사람들에게 적어도 3개씩 돌아갈 정도로 생산된다. 10만 개의 종이 클립이 생산되면 그중 2만 개만이 종이를 고정하는 데 사용된다. 나머지는 사용되지 않고 있다!

플라스틱

폴리염화비닐(PVC)이 든 제품을 피하라. 이 플라스틱은 배낭, 폴더 커버와 레인코트의 소재로 쓰인다. PVC는 면역 체계에 해로운 독소를 포함하고 있을지 모르며 재활용하기가 매우 어렵다. 사실상 매년 PVC 160만 톤이 폐기되고 있고, 재활용된 양은 무시해도 좋을 만큼 적다. 따라서 PVC가 포함되어 있는지 제품 라벨을 살펴보고, 구매하려는 제품이 PVC로 된 것인지 물어보라.

플라스틱 자

소비 후 재활용된 플라스틱이 70퍼센트 함유된 플라스틱 자를 사용해보라. 유치원생부터 고등학생에 이르기까지 모든 학생들이 재활용된 플라스틱 자 하나를 사용한다면 우리는 3850만 피트의 나무 자 또는 7291마일의 금속 자 대신에 4억 6200만 인치의 플라스틱 자를 이용하는 셈이 된다.

가위

재활용된 스테인리스 가위를 사용해보자. 스테인리스 가위에 플라스틱 손잡이가 달려 있다면, 소비 후 플라스틱이 적어도 30퍼센트 함유돼 있는지 확인해보라. 매년 강철을 재활용함으로써 약 1800만 가구의 한 해 전기 공급량에 상응하는 에너지가 절감된다.

테이프 디스펜서

소비 후 재활용된 플라스틱이 최소한 50퍼센트 함유된 테이프 디스펜서를 사용해보라. 플라스틱 쓰레기는 쓰레기 매립지의 11퍼센트에 달하고 그중 5퍼센트만이 수거되어 재활용 소재로 사용된다.

쓰레기통

재활용 강철로 된 쓰레기통을 선택하라. 강철은 미국에서 가장 많이 재활용되는 소재로, 재활용 강철 제품을 생산하는 데는 철광석에서 제품을 가공하는 데 필요한 에너지의 75퍼센트 정도만이 사용된다.

기숙사

가능하다면 캠퍼스에 거주하라. 통학 시간, 휘발유 소비량, 자동차 유지비와 대기 오염이 줄 것이다. 칼리지 학생 1100만 명과 주립대학교에 입학한 학생들 중 50퍼센트는 캠퍼스에 거주하고 있지 않다. 이들 중 절반이 자전거, 도보, 자동차 합승이나 대중교통 수단을 이용해서 학교에 간다면, 200만 대 이상의 통근 차량들이 번잡한 거리와 고속도로에서 사라질 것이다.

세탁실

에너지 효율이 높은 세탁기(정면에 세탁물 투입구가 있는 세탁기)를 찾아라. 옷이 더 빨리 세탁되고 건조될 것이다. 미국에는 동전 투입식 세탁기를 갖춘 세탁소가 약 4만 곳 있다. 이 세탁소들이 모두 위로 세탁물을 넣는 세탁기 대신에 정면으로 세탁물을 넣는 세탁기로 교체해 세탁을 한다면 매일 380만 리터의 물을 절약할 수 있다. 이 양은 한 해에 10가구가 사용하는 물 양과 거의 같다.

> 우리 소녀들은 매우 열심히 재활용에 참여했다. 여덟 살 매기는 심지어 쓰레기통에 이렇게 적었다. "재활용 쓰레기는 여기에 넣어주세요, 감사합니다."
>
> 샌프란시스코에서 온 친구 제니가 우리를 방문했을 때 그 모든 일이 시작됐다. 그녀는 재활용의 틀을 확실히 잡아주었다. 그녀는 다른 선택의 여지가 없음을 끊임없이 상기시켰다. 그녀는 상자를 산산이 뜯어냈고 심지어는 우리의 쓰레기를 분리하기까지 했다. 당신이 그 같은 가르침을 받았다면 결코 잊을 수 없을 것이다. 그리고 만약 누군가가 잊어버린다면 한 소녀가 이렇게 일러줄 것이다. 재활용하세요! 그들은 꼬마 경찰과 같다. 그들은 유리병과 캔을 분리한다. 심지어는 우유병을 씻어서 치운다. 그것은 정말로 놀라운 일이다. 주방 조리대에 판지 상자가 놓여 있으면, 계속 그 자리에 있는 법이 없다. 즉각 재활용 용기로 들어가는 것이다. 재활용은 주변을 깨끗하게 유지하는 데 대단히 유용한 방법이기도 하다.
>
> 재활용을 실천하기 위해 삶의 방식을 변화시킬 필요는 없다. 실제로 재활용하는 일이 엄청난 의무 따위는 아니다. 그것은 그저 쓰레기에 대해 더 많이 의식하는 일과 관련이 있다. 자기 집에서 실천하는 재활용의 중요성을 이해할 수 있을 때 우리는 그 일이 이 세계에 얼마나 큰 영향을 끼치고 있는지 상상할 수 있다. 그리고 그 모든 일들이 우리의 쓰레기통에 적힌 작고 사소한 지시에서 시작된다.…… 〟

페이스 힐
컨트리 가수. 동료인 팀 맥그로와 결혼해 더 유명해졌다. 2001년 미국의 영향력 있는 여성 30인 가운데 한 명으로 뽑혔다.

팀 맥그로
컨트리 가수, 영화배우. 그래미상을 3번, 컨트리 음악 대상을 14번 수상했다.

THE GREEN BOOK

일

Work

일터에서 우리는
어떻게 친환경적으로 일할 수 있을까?

전반적인 상황

우리의 사무실은 쓰레기로 된 초고층 빌딩이 되어버렸다. 그 까닭은 사무실을 자기 집처럼 생각하지 않기 때문일지도 모르고 혹은 봉급에 대해 책임을 지는 사람이 우리가 버리는 쓰레기에 대해서도 책임을 져야 한다고 믿기 때문일지도 모른다. 사무실은 전기를 집어삼키고, 물을 낭비하고, 유해한 물질을 배출한다. 우리가 일하는 사무실은 환경에 무거운 짐을 안기는 야수이다. 보통의 사무실 근로자는 매년 만 장의 복사지를 사용한다. 미국의 모든 사업장에서는 연간 2100만 톤의 복사지가 소비된다. 즉 종이 4조 장 이상이 사용된다. 매년 약 4천억 장에 달하는 사진 복사를 하는데, 그것은 매분 75만 장의 종이가 복사된다는 것을 의미한다. 종이 이외에도 복사하는 데는 잉크가 필요하다. 미국 기업은 해마다 1500만 개의 토너 카트리지를 써버리는데 그 양은 뉴욕에서 취리히까지 이을 수 있을 정도이다.

이 모든 것을 작동시키는 것은 에너지이다. 상업용 빌딩에서 사용되는 에너지량은 이 나라의 모든 에너지 소비의 18퍼센트를 차지하고, 그 4분의 1 정도는 조명에 쓰인다.

사무실이 비어 있을 때, 햇빛이 잘 들어 램프나 천장 조명을 켜지 않아도 되는데도 수많은 사무실에서 전기가 소비되고 있다는 것은 부끄러운 일이다.

에너지를 고갈시키는 것도 문제이거니와 미국의 물 사용량 중 10퍼센트 이상을 사용하는 곳이 사무용 빌딩이다. 최근에 조사한 바에 따르면, 대부분의 사람들은 사무실에서 샤워를 하지 않고, 옷을 세탁하지 않고, 접시를 닦지 않고, 잔디에 물을 주지도 않는다. 다만 근로자들은 대개 물을 콸콸 틀어 손을 씻는다.

근로자들은 1년에 평균 1만 6천 킬로미터 정도 차를 운전한다. 우리가 통근 거리라고 부르는 것이다. 그렇게 그들은 2550억 리터의 휘발유를 소비한다. 그들 모두가 사무실 책상에만 붙어 있다 해도 충분히 바람직하지 않은 일이다. 근로자들의 3분의 1은 음식을 사려고 사무실을 떠나며, 점심 식사를 하는 데 대개 한 시간가량을 보낸다. 매일의 노동 시간 중 점심 식사 때 버려지는 일회용 컵과 플라스틱 용기만 해도 지구의 적도를 한 바퀴 두를 수 있는 양보다 많다!

음식물 쓰레기는 별개의 문제다. 사무실에서 나오는 쓰레기의 10퍼센트는 음식물이다. 사업장이 늘면 케첩, 머스터드, 소금과 후추가 들어 있는 작은 용기들도 산더미처럼 늘어난다.

그러나 사무실 쓰레기 문제에 가장 크게 기여하고 있는 것은 다름 아닌 사무용품이다. 예를 들면 엄청난 종이, 펜, 클립과 고무 밴드들이 불필요하다는 이유로 버려졌다.

물론 우리 대부분은 사무실 방침에 책임을 지고 있지는 않다. 우리는 좀 더 친환경적인 용품을 주문할 수 없으며, 우리가 일하고 있는 빌딩에 적합하게 자동 온도 장치를 조절할 수 없고, 재활용 쓰레기에 신경을 쓸 수 없다. 하지만 사무실에서 개인적으로 환경에 도움이 되는 일을 몇 가지 할 수 있다.

이 모두를 염두에 두고 우리는 '손쉬운 행동들'을 고안해냈다. 전반적인 상황과 관련된 모든 중요한 사항들을 고려해볼 때, 다음과 같은 행동들을 실천하면 최소한의 노력으로 최대한 긍정적인 효과를 거둘 수 있다.

손쉬운 행동들

1 양면 복사를 하라. 인쇄를 하든 복사를 하든 종이의 양면을 사용하라. 사무실 직원 4명 중 한 사람만이라도 양면 복사를 한다면 매년 1300억 장의 종이를 절약할 것이다. 쌓아올리면 지구의 지름보다도 두꺼운 양이다!

2 자동차 함께 타기. 일반적인 통근자들이 매일 자동차를 합승했다면 연간 1900리터의 휘발유를 절약했을 것이고 250킬로그램의 유독 물질이 덜 배출됐을 것이다. 일터로 향하는 통근자들의 승차 분담은 675만 대의 차들을 도로에서 운행 중지시키는 것과 같다. 운행을 중지한 차량 대수는 미국에서 해마다 판매된 새 자동차의 4배에 이른다.

3 커피를 마실 때 머그잔을 사용하라. 미국인들은 매년 140억 개 이상의 종이컵

을 사용한다. 지구를 55바퀴 두를 수 있는 양이다. 스티로폼 종류의 컵은 9세대에 걸쳐 썩지 않고 지구에 남아 있을 것이다. 그동안 당신의 후손들이 계속 태어날 것이다.

작은 실천들

 일터로 가는 길

자동차

자동차 타이어의 공기압을 충분한 상태로 유지시키면 연비가 3퍼센트 정도 향상된다. 게다가 타이어 수명이 더 길어진다. 매년 1만 9300킬로미터를 운전하는 보통의 미국인이 타이어 압력을 적절히 유지하면 연간 60.5리터의 휘발유를 절약할 수 있다. 미국 전체 가구가 절약할 수 있는 휘발유는 60억 5천 리터 정도로, 매년 미국에서 제조되는 아이스크림 양과 거의 같다.

대중교통 수단

대중교통 수단을 이용해보라. 출근하는 미국인들이 모두 혼자서 차를 운전한다면 보스턴에서 로스앤젤레스까지의 9차선 고속도로가 가득 찰 것이다. 게다가 통근 시간을 줄일 수 있는 차량은 거의 없을 것이다. 사람들은 매년 교통 체증으로 인해 평균 36시간을 낭비한다. 이는 거의 5일을 꼬박 일하는 것과 같다.

재택근무

파트타임 재택근무도 포함해 집에서 일하는 4400만 명의 사람들 대열에 끼어보라. 재택근무를 하면 해마다 차량으로 560억 킬로미터 이상 이동하던 것이 중지되어 거의 75억 7천 리터의 휘발유가 절감된다.

걷기

걸어서 출퇴근하면 돈이 들지 않는다. 사무실에서 반경 3.2킬로미터 내에 거주하는 사람들이 자동차로 출퇴근하는 데 한 해에 384달러를 쓰고 있다. 모든 주에서 단 20명만 걸어서 출퇴근을 해도 대기 중으로 배출되는 유해한 화학물질 29톤 이상이 줄 것이다. 그 배출량은 매년 워싱턴 D.C.에 있는 산업 시설에서 배출되는 유독성 공기 오염 물질의 양과 비슷하다.

 휴게실에서

커피 메이커

커피를 끓일 때 사용하는 물의 양에 주의하라. 북아메리카와 유럽에서 소비된 수돗물의 3분의 1은 커피를 끓이는 데 쓰인다. 모든 근로자가 물 한 컵 정도만 이용한다면 매일 물 3800만 리터가 절약된다. 1년 내내 그렇게 한다면 결코 안전한 물을 먹을 수 없는 사람들 12억 명에게 7.6리터의 물을 공급할 수 있을 정도로 물이 절약된다.

(커피) 젓개

일회용 커피 젓개를 사용하지 말라. 먼저 설탕과 우유를 붓고 그 다음에 커피를 부으면 된다. 매년 미국인들이 버리는 1380억 개의 빨대와 젓개로 엄청나게 큰 빨대 조형물을 만들 수 있다. 이 조형물은 자유의 여신상보다 20배나 키가 크다!

설탕과 감미료

낱개로 포장된 설탕보다는 통에 들어 있는 설탕을 사용하라. 낱개 포장된 설탕을 사용할 경우 그 안에 든 감미료만큼 포장지도 사용하게 된다.

 식사 시간

카페테리아

선택할 수 있다면 카페테리아에서 은그릇과 접시를 사용하고 플라스틱 그릇은 사용하지 말라. 사무직 근로자 한 사람이 하루에 플라스틱 나이프 한 개를 쓸 경우에 한 해에 사용된 나이프는 250개에 달할 것이다. 모든 근로자가 하루에 한 개만 사용해도 한 해 동안 사용된 플라스틱 나이프는 150억 개에 이를 것이다. 이는 길이가 240만 킬로미터에 이르는 플라스틱 칼을 제작할 수 있는 양이다.

음식 보관

재사용할 수 있는 유리잔이나 도자기를 선택하라. 플라스틱 용기보다 건강에 더 좋은 그런 용기를 사용하면 쓰레기도 줄일 수 있다. 근로자 5명 중 4명은 가져온 음식을 동료 직원들과 나누어 먹는다. 이 음식에 맞는 유리잔과 도자기 그릇을 사용하면 당신과 동료들이 플라스틱 용기에서 나오는 유해 물질에 노출될 가능성이 줄어든다. 게다가 일회용 쟁반과 접시, 용기들이 쓰레기로 나오지도 않을 것이다.

아무 데나 버리는 쓰레기

쓰레기를 적절하게 처리하라. 사람들의 94퍼센트는 아무 데나 버리는 쓰레기를 가장 주요한 환경 문제로 인식한다. 이런 쓰레기 중에서도 으뜸은 담배꽁초, 빈 병과 캔(깡통 고리와 뚜껑을 포함한), 사탕 포장지, 패스트푸드 포장지이다. 90만 톤 이상의 담배꽁초가 전 세계적으로 버려졌다. 중국에서는 한 사람당 900그램에 달하는 담배꽁초를 버린다.

점심 식사

가능하다면 집에서 점심 도시락을 싸 오자. 일회용 도시락을 이용하면 매일 110~230그램 정도의 쓰레기가 나온다. 그 양은 연간 거의 45킬로그램에 이른다! 미국의 전체 근로자가 집에서 점심을 가져오면 450만 톤 이상의 음식물 쓰레기를 절약할 수 있다. 그 무게는 이집트의 대피라미드와 같다.

종이 냅킨

종이 냅킨을 되도록 적게 쓰자. 미국인 한 사람은 매년 2겹짜리 냅킨을 평균 2200장 소비한다. 매일 6장 넘게 쓰고 버리는 셈이다. 근로자 한 사람이 매일 냅킨 한 장만 덜 써도 쓰레기로 버려지는 냅킨 1억 5천만 장이 줄어든다. 7월 4일 미국 독립 기념일에 핫도그를 먹는 사람들 모두에게 한 장씩 나누어줄 수 있는 양이다.

포장해 오기

음식을 주문할 때 간편하게 포장해달라고 말하라. 근로자의 3분의 1 이상은 레스토랑에서 음식을 주문하거나 사무실로 가져간다. 음식을 주문하는 사람이 당신 한 사람뿐이라면 레스토랑에 한 사람용 도구만 달라고 말하라. 모든 근로자가 이렇게 하면 매일 플라스틱 포크, 나이프, 젓가락을 2500만 개는 절약할 수 있다. 뉴욕 시에 거주하는 모든 사람들이 하루 3번 제대로 차려 먹는 식사에 쓰기에 충분한 개수이다.

복사기

복사기의 '대기' 버튼을 사용하면 70퍼센트 정도까지 에너지를 적게 소비할 것이다. 미국의 모든 복사기에 전력을 공급하는 데 5천만 달러의 비용이 든다. 에너지 소비를 70퍼센트가량 낮추면 3500만 달러를 절약할 수 있다. 10만 가구 이상이 한 달간 사용하기에 충분한 전기를 공급할 수 있는 금액이다.

수정액

병에 담긴 수정액과는 대조적인 수정펜을 사용해보라. 수정펜은 빠르게 마르지 않기 때문에 아마도 더 적은 양을 사용할 것이다. 사용하고 있는 수정액이 수성인지 확인하라. 모든 사무실 사환들이 해마다 수정액 한 병을 덜 사용한다면, 절약한 수정액으로 백악관을 흰색으로 칠할 수 있을 것이다.

봉투

소비 후 재활용된 봉투를 사용하라. 겨우 17명의 근로자가 매년 봉투와 복사지를 포함해 1톤의 종이를 쓴다. 사무실에서 천연 펄프로 생산된 봉투 대신에 재활용 봉투를 사용한다면, 이들 17명의 근로자들은 각자 친한 친구 만 명에게 편지를 보낼 수 있을 정도로 종이를 절약했을 것이다.

팩스

가능하면 표지는 전송하지 말라. 그러면 전송 내용의 처음과 끝 두 장의 종이를 절약할 수 있다. 매년 미국에서는 팩스 용지를 공급하기 위해 1700만 그루의 나무가 베어진다.

라벨

라벨을 사용하지 않도록 해보자. 혹은 재활용 소재의 라벨을 사용해보라. 라벨을 붙여놓아 종이나 봉투, 그 밖의 소재들을 재활용할 수 없는 일이 종종 일어난다. 대신에 봉투나 포장지에 직접 인쇄를 해보라.

포장/운송

운송 상자 안에 다른 상자를 넣지 말라. 또 편지 다발에 봉투를 끼워 넣지 말라. 10억 개가 넘는 익일 배달용 상자와 봉투가 매년 소비된다. 이들 상자를 1퍼센트만 절약해도 미국에 있는 5세 미만의 모든 아이들에게 두 개의 명절 선물을 포장해 줄 수 있다.

종이

종이를 재활용하라. 그리고 재활용된 종이를 사용해보라. 미국의 기업들은 매년 2100만 톤이 넘는 종이를 소비한다. 이 종이의 절반이 재활용된 종이였다면 해마다 플로리다 주보다 넓은 삼림이 보존될 수 있었을지 모른다.

종이 클립

종이 클립을 재사용하라. 종이 클립은 이 나라에 살고 있는 모든 사람이 적어도 3개씩은 가질 수 있을 만큼 생산되었다. 4명의 근로자 중한 명이 종이 클립을 재사용한다면 100만 개 이상 절약될 것이다.

펜

심을 갈아 끼울 수 있는 펜, 연필과 매직펜을 사용해보라. 한 번 쓰고 버리는 펜은 재활용될 수 없고 미생물에 의하여 무해 물질로 분해되지도 않는다. 한 개를 쓰레기로 버린다면 지금부터 5만 년 동안 쓰레기 매립지에 남아 있을 것이다.

우편 요금 별납증 인쇄기

우편 요금 별납증 인쇄기를 사용하는 대신에 온라인 스탬프를 인쇄해보라. 장비를 마련하거나 보수 관리를 할 필요가 없고, 돈이 절약될 것이다. 게다가 우편 요금 별납증 인쇄기를 이용하면 온라인 스탬프를 인쇄할 때보다 잉크가 더 많이 든다. 매달 미국 기업에서는 잉크 구입비로 2700만 달러가 지출된다. 쓰레기 매립지에 있는 제품들에서 잉크가 용해되면 유해한 화학 약품들이 토양으로 흘러들어갈 수도 있다.

프린터

양면으로 인쇄하고, 가능하다면 잉크젯을 사용하라. 레이저 프린터는 300와트의 전기를 사용하는 데 비해 잉크젯은 겨우 10와트를 사용한다. 레이저 프린터 대신에 잉크젯을 사용하면 근로자들은 미국의 모든 가정에서 사용하는 전기의 5퍼센트에 상응하는 전기를 절약할 수 있다. 이는 번개가 4번 칠 때 발생하는 에너지량이다. 그리고 당연히 잉크 카트리지를 재활용하는 것을 잊어서는 안 된다.

재활용

사무실 책상과 비품실에서 재활용을 실천하라. 근로자가 종이만 재활용해도 쓰레기 매립지로 보내는 쓰레기의 50퍼센트를 줄일 수 있다. 이렇게 하면 3300만 톤의 쓰레기가 나오지 않으며 5억 6100만 그루의 나무를 베지 않아도 된다.

고무 밴드

가능하면 고무 밴드를 사용하지 말라. 고무 밴드의 4분의 3은 원유로 만든 합성 제품이다. 고무 밴드들이 쓰레기 수거장에서 소각될 때 건강에 심각한 영향을 끼칠 수 있다. 북아메리카에서 해마다 220만 톤의 합성 고무가 사용된다. 이것은 캔자스 주 코커 시에 있는 세계에서 가장 큰 실꾸러미 공만큼이나 큰 고무 밴드 공을 거의 25만 개 만들 수 있는 양이다.

스테이플러

친환경적인 스테이플러를 사용하라. 그런 스테이플러는 금속 꺾쇠를 사용하지 않으며 5장 이하의 종이를 고정하는 데 사용된다. 해마다 미국에서 64만 3천 톤의 꺾쇠가 생산된다. 스테이플러로 고정시킨 서류들의 3분의 1이 금속 꺾쇠 없이 고정되었다면, 매년 거의 1조 개에 달하는 금속 꺾쇠가 쓰레기 더미로 들어가지 않을 것이다.

 사무실 책상에서

컴퓨터

컴퓨터 모니터와 CPU 박스에 절전 모드나 전력 관리 기능을 활성화하라. 10명의 직원이 그렇게 하면 매년 거의 500달러의 에너지 비용을 절약할 수 있다.

냉방

에어컨보다는 스페이스 팬을 사용해보라. 에어컨은 상업 빌딩에서 두 번째로 전기를 많이 소비하는 요인이다. 이는 전체 전기 소비량의 거의 15퍼센트에 해당된다. 미국의 서부 지역에서만 한여름 동안에 에너지 효율이 더 좋은 냉방 시설을 가동해도 30만 가구가 한 해 동안 사용하기에 충분한 전력을 절약할 수 있다.

이메일

일반적인 사무실 근로자는 이메일을 보내고 인터넷 서핑을 하는 데 하루 평균 2시간 이상을 쓴다. 인터넷 데이터 서버는 미국의 모든 TV

가 사용하는 에너지만큼의 전력을 소비한다.

난방

사무실 실내 온도를 20~23도로 유지하라. 상업용 빌딩에서 사용된 에너지의 절반은 사무실을 냉난방하는 데 소비된다. 기업들은 에너지를 더 효율적으로 관리함으로써 사용료를 3분의 1까지 절약할 수 있고, 4천만 대의 차들이 배출하는 양만큼의 대기 오염 물질을 줄일 수 있다. 에너지를 더 적게 소비하면 탄소 가스 배출을 줄일 수 있기 때문이다.

조명

햇빛이 잘 든다면 사무실 조명을 꺼라. 눈부신 빛으로 인한 눈의 피로를 덜 것이다. 조명용 에너지의 17퍼센트는 비어 있는 사무실이나 햇빛이 드는 방에 불필요하게 불을 켜두어 낭비된다. 목성까지 차로 운전해 가기에 충분한 에너지가 낭비되는 것이다.

화상 회의

원격지간 회의를 이용해 시간과 돈을 절약하라. 일반적인 사업상의 비행기 여행을 피하라. 그러면 화상 회의를 7천 시간 이상 진행할 수 있는 에너지를 절약할 것이다.

❝ 어린 시절 나는 뉴저지의 너틀리에서 살았는데, 당시 나에게 환경은 아직 중요한 관심사가 아니었다. 대신에 절약은, 적어도 부모님께는 큰 관심사였는데, 여섯 아이들을 부양하기 위해 그분들이 도전해야 할 과제였다. 어머니는 매일 제철 식품과 저렴한 고기로 간단하지만 맛있는 음식을 요리하셨다. 한편 아버지는 정원 돌보는 일에 정열적이셨다. 그분의 노동의 산물은 우리 집 식탁에 활기를 불어넣었는데, 봄에는 초록 야채, 여름에는 토마토, 가을에는 호박을 맛볼 수 있었다. 램프는 필요할 때만 밝혔고, 난방은 알맞게 했다. 결과적으로 우리는 자원을 아끼는 법을 배웠다.

지난날을 되돌아보고서 나는 우리 가족의 일상적인 일과 대부분이 이 책에서 논의하는 '친환경적인 생활'의 지침과 어긋나지 않다는 것을 깨달았다. 한 세대가 지난 지금 환경은 나를 비롯해 모든 사람의 마음속에 자리한 주제이다. 여기에 뉴욕의 베드포드에 있는 내 농장에서 실천했던 친환경적 습관들 일부를 소개한다. 그 일부는 절전형 형광등과 대안 연료와 같은 최근의 기술적인 진보를 포함한다. 나머지 중 상당수는 내가 수십 년 전에 부모님으로부터 배웠던 습관과 가르침이다.

몇 가지를 들어보면, 정원 일은 언제나 내가 사랑하는 일로 베드포드 농장에서 우리는 유기농 원칙에 따라서 채소를 재배하고 정원을 손질하고 마찬가지로 온실에서도 그렇게 한다. 뿐만 아니라 나는 엄청난 규모로 퇴비를 쌓아두는데, 먹고 남은 음식물, 뒤뜰에서 깎아낸 풀과 말 배설물이 섞인 거름이 값진 비료가 된다. 캔이나 빈 병 같은 기존의 폐기물을 재활용하는 것에 더하여 나는 농장 주변에 있는 폐가들의 자재를 활용한다. 얼마 전에 우리는 새 닭장을 세웠는데, 오래된 버몬트 농가에서 갖고 온 슬레이트 지붕널을 지붕을 만드는 데 사용했고 마루널을 깔 목적으로 농장에서 널빤지를 베어 왔다. 야생 조류들에게 둥지를 지어주는 일도 내게는 중요한 일이다. 우리는 새들이 둥지로 삼을 수 있게 소유지 주변에 부엉이 상자들을 매달았다. 푸른울새들은 우리가 지어준 집에 빠르게 자리를 잡았다. 제비와 그들의 진흙 둥지는 천연 '모기 잡이'로 환영받았다.

내 집에서 에너지 비용을 절감하는 가장 손쉬운 두 가지 방법은 나무랄 데 없는 단열과 효율적인 난방 시스템이다. 그 두 가지 방법은 나와 환경을 위해서 좋은 방안이다. 겨울철에는 늘 덧창을 활용했는데 덧창은 바람을 막아준다. 게다가 나는 방바닥 밑으로 복사 가열식 난방 시스템을 갖추어 에너지를 효율적으로 관리한다. 이 방식은 기존의 복사 난방기보다 물 온도를 낮출 수 있고 천장이 아니라 방바닥에 열을 집중하는 것이다. 그 결과 나는 대개 겨울에 자동 온도 조절기를 22도가 아니라 18도로 설정한다. 나는 에너지 효율이 높은 제품을 구입했고 백열전구 대신에 절전형 형광등으로 교체했다. 그리고 작고 소음이 크지 않은 전기 선풍기를 더울 때 공기를 이동시키기 위하여 사용하는데, 그러면 에어컨 사용을 최소한도로 할 수 있다.

당신이 실천할 수 있는 일 다섯 가지를 소개해본다.

① 큰 물 주전자를 구입해 물병들에 물을 채워가며 쓰기
② 방에서 나갈 때 불 끄기
③ 일터로 갈 때 집 안 온도를 낮추기 혹은 보일러를 끄기
④ 난방을 하는 대신 새털 이불 덮기
⑤ 종이 수건 대신 재사용 가능한 헝겊 사용하기

앞으로 환경과 더 조화롭게 삶을 영위하는 새로운 방안이 나올 것이다. 그동안에 나의 마지막 프로젝트는 농기구와 자동차에 휘발유 대신에 대안 에너지로서 에탄올 기반의 연료를 사용하는 것이다. 작은 일들도 다 도움이 될 것이다. 어머니는 내

말에 확실히 동의할 테고 내 딸도 마찬가지일 것이다. **,,**

마사 스튜어트

사업가. 〈마사 스튜어트 매거진〉 발행인. 살림의 여왕 마사, 완벽한 요리사 마사, 마술 같은 솜씨로 집을 꾸미는 마사 등으로 알려져 있으며 여성들에게 주부의 일도 가치 있고 훌륭한 일임을 설파해왔다.

THE GREEN BOOK

Chapter
07

쇼핑

Shopping

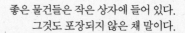

좋은 물건들은 작은 상자에 들어 있다.
그것도 포장되지 않은 채 말이다.

전반적인 상황

미국은 세계 최고의 소비국이다. 미국인은 다른 나라 사람들보다 4배나 많은 돈을 쓴다. 그리고 대부분은 쇼핑을 하는 데 쓴다. 미국인은 매일 평균 24분가량 온갖 물건을 쇼핑하고, 매년 쓰는 돈은 4조 달러에 이른다. 미국인은 쇼핑센터에 들를 때마다 평균 113달러를 쓴다. 우리는 많은 물건을 구매하고 싶어하고, 모든 종류의 소비재에 대한 엄청난 수요를 창출해낸다. 새 차가 초당 1대씩 생산되고, 신발이 매일 230만 켤레 구매되며, 매년 26억 개의 장난감이 구입된다.

그칠 줄을 모르고 더 많은 물건을 쇼핑하고 싶어하는 심리가 우리 머리에 깊숙이 내재해 있다. 그런 마음 상태가 벽장과 자아를 가득 채우고 있지만 우리는 쇼핑의 또 다른 면은 고려하지 않는다. 그럼 그 물건들은 다 어디로 간단 말인가?

소비하고 처분하는 습관으로 인해 우리 각자는 매일 2킬로그램의 쓰레기를 배출하고, 1년이면 그 양은 752킬로그램에 이른다. 국가 전체로 볼 때 연간 2억 2790만 톤의 쓰레기가 배출된다.

적재된 폐기물 양은 엄청나다. 상공에서 북아메리카를 바라보면 동부 해안에서 가장 높은 곳은 쓰레기 매립지일 것이다.

어떻게 쓰레기가 그렇게 높이 쌓였을까? 매달 10만 장의 CD가 버려진다는 것을 생각해보라. 2만 2700톤의 칫솔이 매년 이 나라의 쓰레기 매립지 도처에 흩뿌려진다는 것을 생각해보면 어떤가. 곧 상황이 이해가 될 것이다. 그리고 이것은 정말 심각한 상황이다.

엄청난 원료와 물, 그리고 에너지가 우리가 구입하는 물건들을 생산하는 데 소비된다. 나중에 버려지고 말 물건들 말이다. 우리 사회는 마음껏 쓰고 버리는 사회이다.

이 지구상에 살고 있는 66억의 사람들은 모두 결국 무언가를 구입하고 내다버리는 경향을 지니고 있기에 쇼핑이 지닌 위험성은 실질적이다. 그것은 이렇게 생각해볼 수 있다. 이 세상에는 사람보다 사람이 만든 물건이 더 많다. 전 세계의 보통 가정은 집에 127개나 되는 물품을 소유하고 있다. 미국에서는, 보통의 가정이 소유하고 있는 물건이 총 만 개에 이른다.

그렇다면, 그 물건들은 어떻게 생겨났는가? 그런 물건들은 제조된 것이다. 제조업은 미국에서 에너지 사용량의 3분의 1, 그리고 물 공급량의 13퍼센트를 소비한다. 하지만 제조업체는 생산품들이 우리 손에 도달하기도 전에 발생한 76억 톤에 달하는 쓰레기에 대해 신경 쓰지 않는다.

그리고 나서 우리는 그 물건들을 다 우리 행성에 내다버린다. 해마다 세계 도처의 가정에서 15억 톤 이상의 고형 쓰레기가 배출된다. 그 양은 생존하는 모든 사람들의 몸무게 합의 3배에 이른다! 종종 미국이 다른 나라로 자국의 폐기물을 수송하는 일은 대단히 큰 문제이다. 우리가 수입하는 전기 제품의 반 이상이 쓰레기로 제3세계로 수출되고 있다. 나머지 절반은 집에 계속 쌓아두고 있다.

이 모두를 염두에 두고 우리는 '손쉬운 행동들'을 고안해냈다. 전반적인 상황과 관련된 모든 중요한 사항들을 고려해볼 때, 다음과 같은 행동들을 실천하면 최소한의 노력으로 최대한 긍정적인 효과를 거둘 수 있다.

손쉬운 행동들

1 최소한으로 포장된 제품을 구입하라. 구입한 제품 10개 중 하나가 포장이 간소하거나 전혀 포장되어 있지 않다면 매년 가구당 23킬로그램 이상의 쓰레기를 줄일 수 있다. 이처럼 소소한 절약으로 해마다 최소한 30달러를 절약할 수 있다. 이는 슈퍼마켓에서 제품을 구입하고 포장하는 데 지불하는 11달러 중 1달러를 아끼는 것과 같다. 모든 가정이 이를 실천한다면 쓰레기 매립지로 들어가는 쓰레기가 250만 톤 줄 것이다. 이 쓰레기량은 뉴욕의 센트럴 파크 전체를 8.2미터 깊이로 덮을 수 있는 양이다.

2 계산대에서 '종이 가방과 비닐봉지' 중 선택하라고 하면 종이 가방을 선택하라. 어느 쪽도 이상적인 선택은 아니다. 최선은 다시 쓸 수 있는 천 가방이나 캔버스 가방에 식료품과 잡화류를 담는 것이다. 물건을 담는 사람은 대개 비닐봉지보다 종이 가방에 물건을 더 많이 채워 넣는다. 그리고 종이 가방은 쉽게 재사

용할 수 있고 재활용하기도 더 쉽다.

3 **화장실용 티슈를 100퍼센트 재활용된 휴지로 교체하라.** 모든 가정이 12개들이 두루마리 화장지 한 팩을 재활용 화장지로 교체했다면 거의 500만 그루의 나무를 벌목하지 않아도 될 것이고 쓰레기 운반차 만 7천 대를 채울 수 있는 종이 쓰레기를 줄일 수 있을 것이다.

작은 실천들

 식료 잡화류

식사용 빵

가능하다면 식사용 빵으로 식료품점 제과 코너에서 파는 신선한 빵을 구입하라. 종이 포장지를 재활용할 수 있고 가게 선반에서 구입할 수 있는 상표가 붙은 빵을 냉동하고 운송하는 데 소비된 에너지를 절약할 수 있다. 미국의 모든 가정이 추수감사절 식사에 포장된 롤빵 대신에 갓 구워낸 빵을 내놓는다면 2만 3천 명의 초창기 정착민보다 많은 사람들을 비행기에 태워 영국에서 플리머스 록으로 실어 나를 수 있는 에너지가 절감된다.

썰어놓은 빵

썰어놓은 빵을 구입할 때는 포장지 한 장으로 포장한 제품을 찾아보라. 두 번 포장한 빵은 무게 중 적어도 20퍼센트 이상이 비닐 포장지이다. 미국과 캐나다의 모든 가정들에서 이렇게 추가되는 포장지로 인해 발생한 쓰레기는 거의 27톤, 곧 한 사람이 평생 먹는 음식물을 다 합한 양만큼이나 된다.

포장되지 않은 물건

대량 구매를 고려해보자. 물품 구입비가 50퍼센트 적게 들 것이고 낱개로 포장된 물건에서 나오는 쓰레기를 쓰레기 매립지와 재활용 시설로 수송하는 데 필요한 에너지를 크게 줄일 수 있을 것이다. 미국의 모든 가정이 대량 구매를 해 포장지 쓰레기를 10퍼센트 적게 배출했다면, 매년 쓰레기 트럭에서 절감된 디젤 연료는 한 학기 내내 매일 학생들을 태운 버스 한 대가 달까지 현장 학습을 갔다 돌아오기에 충분한 양이다.

통조림

같은 제품을 작은 캔으로 여러 개 구입하기보다 좀 더 큰 캔으로 구입해보라. 400그램짜리 캔 두 개 대신에 800그램짜리 토마토 캔을 구입하면 물건 값을 50퍼센트 정도까지 절약할 수 있을 뿐 아니라 쓰레기를 줄이고 자원을 보존할 것이다. 매달 미국 가정들이 작은 캔 두 개 대신 큰 캔을 구매했다면, 연간 절약된 강철로 6대 주에 에펠탑을 하나씩 세울 수 있다.

치즈

한 장씩 포장된 슬라이스 치즈 대신에 덩어리 치즈를 사자. 미국인이 소비하는 슬라이스 치즈의 비닐 포장지를 만드는 데 소비되는 에너지는 매년 5220만 리터 이상의 휘발유를 소비할 때 나오는 에너지와 같다. 밀워키 사람들 전부가 캘리포니아의 행복한 소들을 구경하기 위하여 서부로 차를 타고 갈 수 있을 만큼의 에너지이다.

커피

갈아놓은 원두나 갈지 않은 원두를 구입할 때 유기농법에 따라 재배했음을 증명하는 인증이 부착된 커피들이 있는지, 예를 들면, 페어 트레이드, 버드 프렌들리, 레인포레스트 얼라이언스 같은 커피를 찾아보라. 이런 상표들은 열대 우림의 생태계를 보존하고 회복하기 위한 지속 가능한 농법을 실천하는 커피 농장을 표시한다. 한 가정만이라도 1년간 인증된 커피로 바꿔 구입한다면 850평방미터의 열대 우림 지대를 충분히 보호할 수 있다. 시애틀에 거주하는 모든 사람들이 친환경 마크가 부착된 커피로 바꾸면 그 도시 면적의 열대 우림 지대를 매년 보호할 수 있다.

직거래 농산물 시장 vs. 슈퍼마켓

지역 직거래 농산물 시장에서 쇼핑을 해보라. 그리고 가능하면 그곳까지 걸어가거나 자전거를 타고 가자. 매년 미국에서 소비된 총 에너지의 4퍼센트는 식품 생산에 사용되었고, 10~13퍼센트는 식품 수송에 소비되었다. 미국의 보통 슈퍼마켓에서 판매되는 식품은 가정의 식탁에 오르기 전에 2400~4000킬로미터를 이동한다. 지역에서 생산되는 식품을 구매하면 가정의 식탁까지 운송하는 데 소비되는 석유를 거의 95퍼센트 정도 절감할 수 있다.

어패류 – 양식 vs. 자연산

양식 어패류 대신 지속 가능성을 고려해 잡아 올린 자연산 어패류를 선택하라. 양식된 어패류는 고농도의 중금속을 함유하기 쉽고 멸종 위기에 처한 어패류 상당수를 위협하는 요인으로 간주된다. 게다가 양식된 어패류는 매우 좁은 공간에서 성장하기 때문에 상당한 양의 오물을 배출한다. 일반적인 양식장에서 바닷물로 유입되는 어패류 침전물이 끼치는 영향은 6만 5천 명의 도회지 사람들이 정화하지 않은 오수를 직접 해양으로 내보내는 것과 맞먹는다.

어패류 – 신선한 것 vs. 통조림

통조림에 든 어패류보다는 신선한 어패류를 구매하자. 통조림 제조 과정에서 낭비되는 자원을 줄일 수 있고 비용도 절감될지 모른다. 통조림 어패류 4.5킬로그램을 제조할 때 76리터의 물과 식용 어패류 230그램 이상이 낭비된다. 일반적으로 통조림에 든 170그램의 어패류에 식용 부분이 110그램 정도뿐이라고 가정하면 통조림 어패류 값이 신선한 어패류와 비슷한 경우도 많다. 참치 캔을 구매하는 8800만 미국 가정이 170그램짜리 참치 캔 대신 신선한 참치 170그램을 구매한다면, 절약한 물과 참치 양은 축구장 두 개를 연결하는 21미터 높이의 수족관을 45킬로그램짜리 황다랑어 1만 2천 마리로 가득 채울 수 있을 정도이다.

과일

과일 통조림 구매를 제한하고 가능하면 신선한 과일로 대체하라. 과일 통조림을 제조할 때에는 신선한 과일을 딸 때보다 적어도 10배 많은 에너지가 소비된다. 미국의 모든 가정이 450그램짜리 통조림 혹은 병조림 한 개만 여름철 석 달 동안 나오는 신선한 과일 450그램으로 대체해도 2만 천 가구 이상에서 부엌용 전기 기기를 일 년 내내 사용할 수 있는 에너지가 절약된다.

고기

선택할 수 있다면 정육점 계산대에서 직접 고기를 선택해 꼭 쓸 만큼만 구매하라. 음식 쓰레기를 줄이고, 돈을 아낄 수 있으며, 자원을 보존할 수 있다. 사람들은 가게에서 구입한 고기를 매년 평균 10킬로그램 이상 버린다. 쇠고기 1킬로그램을 생산하는 데 곡물 5킬로그램과 물 2만 천 리터가 든다고 가정하면, 한 사람당 곡물 50킬로그램과 물 21만 리터 이상이 낭비되었다는 소리다! 모든 가정이 매년 쇠고기를 450그램만 덜 사도 9500억 리터의 물을 절약할 수 있다. 그 수량은 5일 동안 나이아가라 폭포로 흐르는 물과 맞먹는다.

우유

작은 용기에 든 우유를 여러 개 구매하는 대신에 대용량 우유를 구입하라. 전체 용량이 같을 때, 더 큰 용기를 생산하는 데 에너지가 적게 들고 쓰레기가 덜 나온다. 맛이 가미된 우유를 포함해 매년 240리터의 우유를 구매하는 보통의 가정에서 대용량 우유를 구매하면 36시간 동안 그들의 냉장고를 가동시킬 수 있는 에너지가 절약된다.

유기농 식품

특정 유기농 과일과 야채를 선택하는 것만으로도 살충제에 노출되는 정도를 90퍼센트 정도 낮출 수 있다. 미국 농지 중 1퍼센트만이라도 유기(비화학적인)농법으로 전환했다면 우리가 먹는 음식과 환경에서 매년 만 2천 톤의 살충제를 제거했을 것이다. 유기농 식품을 구매하는 일은 이런 형태의 농업을 장려하는 행위이다.

종이 가방

식료 잡화점에서 받은 종이 가방을 쓰레기통 봉지로 재사용하라. 잡화점의 종이 봉지를 쓰레기통 봉지로 쓰거나 재활용하기 전에 3번 다시 사용하면 미국의 일반 가정은 매년 25킬로그램가량의 천연 펄프 종이 생산을 줄일 수 있다. 미국 가정의 5퍼센트가 이런 습관을 실천한다면 매년 벌목되지 않은 나무의 규모는 맨해튼 면적의 울창한 삼림과 같을 것이다. 13년 후에 그 삼림 지대는 뉴욕 시 전역을 뒤덮을 것이다.

종이 타월

타월 한 장의 크기가 더 작은 제품을 고르면 종이 타월 한 두루마리를 더 오래 쓸 수 있다. 포장지에 표시된 종이 한 장의 크기를 확인하라. 매년 미국의 가정에서 두루마리 세 개만 줄여도 12만 톤의 물과 쓰레기 매립지에 버리는 410만 달러의 비용을 절약할 수 있다.

비닐봉지

비닐봉지 사용을 줄여라. 미국 가정들은 연간 비닐봉지를 거의 천억 장 버린다. 그중 수백만 장은 결국 환경을 오염시키고 멸종 위기에 처한 해양 동물에게 해를 끼친다. 매주 비닐봉지를 두 개만 덜 사용해도 연간 버리는 비닐봉지가 적어도 백 개는 줄 것이다. 이 비닐봉지들을 손잡이를 묶어 이으면 지구 둘레를 126번 이상 두를 수 있을 것이다.

가금류

가금류를 살 때 예상되는 필요량만큼만 구매하도록 해보자. 미국인 한 사람당 매년 먹지 않은 가금류 약 5.4킬로그램을 쓰레기로 버린다. 1년 동안 모든 가정이 닭고기를 450그램만 적게 구매해도, 닭고기를 포장하고 생산하는 데 드는 물 약 2500억 리터가 절약될 것이다. 이는 일주일 동안 캘리포니아 거주민이 사용하는 양보다 많다.

콩

콩 가공 식품 구매를 고려해보라. 콩을 재배할 때는 가축을 사육할 때만큼 물이 필요치 않다. 가정에서 매달 구매하는 쇠고기 1킬로그램을 콩 1킬로그램으로 대신할 경우 매년 16만 7천 리터의 물을 보존할 수 있다. 미국과 캐나다의 가정 중 20퍼센트만이라도 매주 110그램의 쇠고기를 110그램의 콩으로 대신한다면, 이 세상에 살고 있는 모든 사람에게 38리터의 식수를 공급할 수 있는 물이 연간 절약될 것이다.

쓰레기 봉지

쓰레기 봉지를 구입할 필요가 있다면 100퍼센트 소비 후 재활용된 성분으로 된 상표를 찾아보라. 쓰레기 봉지를 재활용된 플라스틱으로 생산하면 가공되지 않은 플라스틱으로 생산할 때보다 에너지가 더 적게 소비된다. 미국 가정의 10퍼센트만이라도 100퍼센트 재활용된 소재로 만든 쓰레기 봉지를 구입하면, 한 해 동안 노스 다코타 주 파고 시의 4천 가정의 난방 수요를 충족시킬 수 있는 에너지가 연간 절약된다.

야채

선택의 여지가 있다면 야채 통조림이나 냉동된 야채보다는 신선한 야채를 선택하라. 미국에서는 매년 신선한 채소를 냉동하고 통조림으로 만드는 데 약 30억 킬로와트시가 소비되는데, 이는 뉴욕 시의 모든 전등을 3년 동안 켤 수 있는 에너지이다. 신선한 제철 채소들은 통조림이나 냉동식품보다 더 싼 값에 살 수도 있다.

염료

직물 염색 공정에서 나오는 폐수는 섬유 산업 폐수 중 가장 큰 비중을 차지한다. 따라서 염색하지 않은 '자연 그대로' 의 의류를 구입하라. 대부분의 미국인이 염색하지 않은 바지 한 벌을 골랐다면 시카고 시 전체를 2.5센티미터 두께의 컬러 액체로 덮을 만큼 염료를 절약했을 것이다.

직물

유기농 면으로 만든 의류를 구입해보자. 100퍼센트 유기농법으로 재배한 면화로 만든 티셔츠 한 장, 진 바지 한 벌을 구입하면 적어도 150그램 정도의 화학 비료, 살충제와 제초제를 줄일 수 있다. 미국인 다섯 명 중 한 명이 전통적인 방식으로 미국에서 재배한 면화로 만든 티셔츠 대신에 100퍼센트 유기농 면으로 만든 티셔츠를 구입하면, 미국의 담수지들, 생태계와 옷장들을 오염시킬 수 있는 농약이 거의 5만 톤 사용되지 않을 것이다.

모피

진짜 모피를 구입하지 말아야 할 이유로 화석연료 소비량이 추가될 수 있다. 합성 모피는 원료가 석유 제품임에도 불구하고 인조 모피 재킷 한 벌을 만드는 데 석유 1.26리터 정도면 된다. 반면에 진짜 모피로 재킷 한 벌을 만드는 데 필요한 에너지를 생산하는 데는 석유 83.3리터가 든다. 매년 미국에서 판매된 300만 벌의 진짜 모피 의류 중에서 10퍼센트만 다른 의류로 대체되어도 평균 1900만 리터의 석유가 절약되고 500만 마리의 동물이 목숨을 건질 수 있다.

헌 옷

헌 옷을 구입해보자. 보통 미국인은 해마다 새 옷을 48벌 구입한다. 새 옷을 만들고 운송하는 데 소비되는 에너지를 고려해보면, 이 중에서 한 벌을 헌 옷 가게에서 구입했다면 휘발유 1.9리터 이상에 상응하는 에너지를 절약할 수 있었다. 미국인 10명 중 한 명이 다음번엔 새 옷 대신 헌 옷을 구입한다면 절약된 에너지로 할리우드의 모든 거주자가 패션 주간이 열리는 뉴욕으로 날아갈 수 있다.

구두

재활용 소재로 된 구두를 구입하면 우리가 환경에 끼치는 영향을 줄일 수 있다. 소비 후 재활용한 타이어 고무로 만든 구두창, 스티로폼 쿠션으로 만든 구두 안창이나 헌 재킷이나 진으로 만든 캔버스 천을 사용한 제품을 찾아보라. 이 새 구두는 탄산수 병, 스티로폼 컵, 우유병, 보드지와 잡지에서부터 데님 진, 커피 여과지, 파일 폴더, 코르크, 모포, 누런 삼베 자루까지 거의 모든 것을 재사용하고 재활용했음을 상징할 수도 있다. 미국의 모든 가정이 재활용 소재로 만든 구두 한 켤레를 구매한다면 쓰레기 매립지로 가는 쓰레기를 9만 톤 이상 줄일 수 있다.

건강

동종요법 vs. 조제약

치료를 위해 의사의 처방전 없이 약을 사거나 처방약을 복용하는 대신에 동종요법에 따른 치료를 생각해보라. 약을 제조하는 과정에서 매년 공기, 물 그리고 토양으로 정화되지 않은 오염 물질이 8만 300톤 이상 배출된다. 인구의 5퍼센트만이라도 필요한 약의 절반을 동종요법 약으로 대체했다면 유해 물질 배출이 줄어(2천 톤) 수계가 덜 오염될 것이다.

처방약

꼭 복용할 약만 조제하라. 또 남은 약이나 유효 기간이 지난 처방약을 변기나 하수구로 흘려보내서는 결코 안 된다. 폐수로 흘러들어간 의약품은 식물, 어류와 동물에 피해를 주는 것으로 확인되었다. 지나치게 많은 약이 버려지고 있는데 연간 24종의 처방약을 조제받는 65세 이상의 보통 환자들이 다 복용할 수 있는 만큼만 약을 구매한다면 매년 약값 70달러를 절약할 수 있다. 모든 환자들이 절약한 약은 해마다 13.7미터 높이의 약병을 가득 채울 수 있는 양이다.

비타민

성분별로 따로따로 비타민제를 구입하기보다 복합 비타민제를 사면 돈과 포장지를 아낄 수 있다. 미국의 비타민 복용자는 해마다 비타민과 건강 보조제를 구입하는 데 평균 100달러 이상 쓴다. 비타민 복용자의 4분의 1이 매년 비타민 한 병을 덜 사면 약 5억 9200만 달러가 절약될 것이고, 절약된 플라스틱 병을 쌓으면 오존층 상층부에 이르는 더미가 103개나 나올 것이다.

 ## 애완동물

목걸이/가죽끈

나일론 대신에 유기농 캔버스 소재로 된 애완동물 목걸이나 가죽끈을 구입해보라. 나일론 제품은 지구 온난화와 관련된 온실 가스인 아산화질소를 배출한다. 미국에서 키우는 모든 애완견들이 나일론 대신 유기농 섬유로 만든 가죽끈을 목에 매면 매년 25만 가구가 배출하는 온실 가스만큼의 유해 물질 배출이 줄 것이다.

수족관

가정의 수족관을 청소할 때 수족관 물을 3분의 1에서 절반 정도만 비우고 영양분이 풍부한 그 물을 옥내외에서 키우는 식물에 뿌려주어라. 물도 절약되고 화학 비료도 덜 쓸 수 있을 것이다. 집에 수족관이 있는 사람들이 다 이렇게 하면 연간 절약되는 담수로 안전한 식수를 구하지 못하는 전 세계 12억 명 모두에게 680그램짜리 물병 2개를 가득 채워줄 수 있다.

애완동물 침대

애완견과 고양이에게 새 침대가 필요할 때는 재활용 섬유를 채운 침대를 찾아보라. 애완견 소유자 20명 중에서 한 사람만이라도 재활용 소재로 된 침대를 구입하면, 3200톤의 섬유가 절약될 것이고, 이는 쓰레기 운반차 400대를 가득 채울 수 있는 양이다.

애완동물 식품

애완동물의 건강을 위해 채식을 고려해보라. 아니면 적어도 고기, 가금류, 생선 섭취량을 줄여보라. 애완동물용 채식 식품은 생산하는 데 에너지가 덜 든다. 미국에서 모든 애완견들에게 한 달에 하루만이라도 채식 사료를 먹인다면, 매년 절약된 에너지는 7억 2천만 리터의 휘발유에 상당할 것이고, 모든 개들을 120킬로미터 떨어져 있는 곳에서 매년 열리는 애완견 품평회까지 차로 수송하기에 충분한 양이다.

애완동물 장난감

재활용 소재로 된 애완동물 장난감을 골라라. 해마다 구입한 애완동물 장난감들이 모두 100퍼센트 재활용한 소재로 된 제품이라면 절약된 천연 소재로 지름이 거의 4킬로미터에 이르는 놀이용 원반(공중에 던지며 노는 장난감)을 만들 수 있다.

애완동물용 특식

포장이 돼 있지 않거나 재활용할 수 있게 포장이 된 애완동물용 특식을 구입한다면 해마다 쓰레기 매립지에 유입되는 플라스틱을 450그램 혹은 그 이상 줄일 수 있다. 개와 고양이 소유자들의 10퍼센트가 재활용 가능한 포장지에 든 애완동물용 특식을 구매하면 4만 8천 평방미터 이상의 쓰레기를 매년 줄일 수 있다. 이만큼의 쓰레기를 만 2천 평방미터 면적의 개 전용 공원에 쌓으면 높이가 3.6미터가 넘는 탑을 이룰 것이다.

 ## 잔디밭과 정원

비료

370평방미터 넓이의 잔디밭이 있는 보통 주택에서 풀을 베어낸 후에 베어낸 풀을 그대로 놔두면 매년 비료 사용량을 25퍼센트가량, 곧 1.4킬로그램 정도 줄일 수 있다. 비료 1.4킬로그램을 생산하는 데 디젤 연료가 3.8리터 넘게 든다. 주택 소유자들이 '베어낸 풀을 다시 퇴비로 사용' 하고 비료 사용을 25퍼센트가량 줄인다면, 화학 비료 59만 톤과 미국 철도여객공사에서 6년간 사용하는 디젤 연료보다 많은 연료를 절약했을 것이다.

꽃 구입

생화를 살 때는 거주 지역에서 유기농법으로 재배한 꽃들을 찾아보라. 꽃을 기를 때 사용한 화학 약품과 독소는 수계를 오염시킨다. 유기농법으로 재배한 꽃을 구입하면 살충제 사용량을 줄일 수 있다. 밸런타인데이에 구입한 장미꽃이 전부 유기농법으로 재배한 것이라면, 10.3톤의 살충제를 사용하지 않아도 됐을 것이며, 그 무게는 3미터가 넘는 엄청나게 큰 허시 키스 초콜릿과 맞먹는다.

꽃

야외 재배용 꽃과 물을 덜 주어도 되는 관목을 기르면 매년 2100리터의 물을 절약할 수 있다. 100가정 중에서 한 가정만이라도 식물을 새로 심을 때 가뭄에 잘 견디는 꽃 종자를 선택한다면 거의 23억 리터의 물이 보존될 것이다. 그 수량은 하루 종일 뉴욕 시 거주민이 사용하는 물 양보다 많다.

옥외 가구

나무나 금속제 대신에 재활용 소재로 만든 옥외 테라스용 가구를 찾아보라. 재활용 소재로 된 벤치 하나를 이용하면 쓰레기 매립지로 들어가는 2천 개 상당의 플라스틱 병을 줄일 수 있다.

스프링클러

잔디밭에 물을 줄 때 급수 정도와 급수 범위를 최대로 조절할 수 있는 스프링클러 헤드를 구입하라. 반원형 스프링클러 헤드를 급수 범위가 동일한 원형 헤드 3분의 1 정도로 교체한다면, 급수 시간을 줄일 수 있고 해마다 물 760리터를 절약할 수 있다.

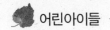

유아용 목욕 비누

부드러운 비누와 따뜻한 물로 아기를 잘 목욕시킨다면 구태여 값비싼 목욕 비누를 구입할 필요는 없다. 플라스틱 병에 든 목욕 비누 대신에 종이로 포장된 비누를 구입한다면 돈과 포장지를 절약할 수 있다. 금년에 태어난 아기들이 모두 유아용 액상 비누 한 병 대신에 유아용 비누 1개로 목욕한다면 90톤 이상의 플라스틱 포장 용기가 절약될 것이다. 바닥이 만 6천 평방미터가 넘는 유아용 욕조를 만들기에 충분한 양이다.

유아용 식품

재사용할 수 있는 유리병이나 재활용할 수 있는 종이 상자에 든 유기농 유아용 식품을 구입하라. 플라스틱 용기보다 재사용 가능한 유리병이나 재활용 가능한 상자를 선택하면 쓰레기 매립지로 수송되는 쓰레기가 줄 것이다. 해마다 유아용 식품 병 중에서 1퍼센트(아이 한 명당 6개)만 줄이거나 저장용이나 재가열용으로, 혹은 공예 등에 재사용해도 절약한 유리 무게는 310톤, 곧 보잉 747 점보제트기 중량과 맞먹을 것이다.

베이비 로션

베이비 로션을 구입할 때는 재사용할 수 있고 언젠가는 재활용할 수 있는 용기를 찾아보라. 재활용할 수 없는 플라스틱 압착 튜브를 피한다면 버려지는 포장지 30그램가량을 절감할 것이다. 금년에 출생한 신생아들의 10퍼센트만이라도 재활용 가능하거나 재사용할 수 있는 용기에 든 로션을 사용한다면 대략 9.1톤의 플라스틱이 쓰레기 매립지에 쌓이지 않을 것이다.

베이비 샴푸

선택할 수 있는 용량이 다양하다면 그중 용량이 가장 큰 샴푸를 선택하라. 돈과 자원을 절약할 수 있다. 200그램짜리 병 두 개 대신에 430그램 병에 든 베이비 샴푸를 선택하면 1.5달러 이상이 절약되며 약 22그램의 플라스틱을 아낄 수 있다. 또 샴푸 30그램을 무료로 얻을 것이다. 금년에 출생한 아기들 가운데 10퍼센트가 작은 용량의 샴푸 두 통 대신에 대용량 샴푸 한 통을 구매한다면 예상되는 절약 금액은 60만 달러 이상이며 절약되는 플라스틱은 9톤에 이른다.

유아용 물수건

집에 재사용 가능한 용기가 있으면 단단한 플라스틱 용기에 든 유아용 물수건을 구매하지 말라. 대신 리필 팩을 사면 매달 680그램 이상의 포장을 줄일 수 있다. 금년에 출생한 모든 유아들이 단단한 플라스틱 용기 대신에 리필 팩을 사용한다면, 제조 과정에서 절감한 에너지로 미국의 모든 가정에서 세탁물 한 통을 세탁하고 건조할 수 있다.

배터리

아이들 장난감용 배터리로 재충전 배터리를 구매해보라. 재충전 가능한 알칼리 배터리 4개를 구입하면 보통 배터리 100개를 살 필요가 없으며 따라서 폐기 처분하지 않아도 된다. 이로써 대략 40달러가 절약되며, 유해 폐기물 3.6킬로그램이 나오지 않는다. 12세 미만의 아이들 중 10퍼센트가 인형, 액션 피겨(손발이 움직이는 캐릭터 인형), 무선조종 차 등에 재충전 배터리를 사용한다면, 어림잡아 3800만 개의 일회용 배터리를 폐기 처분할 필요가 없다. 3800만 개의 배터리에서 나오는 에너지로 전기 자동차가 지구를 17바퀴 돌 수 있다.

천 기저귀와 일회용 기저귀

일회용 기저귀 대신에 유기농 면으로 된 천 기저귀를 사용해보라. 기저귀를 8천 번 갈아주는 동안 쓰레기 1360킬로그램이 절감될 것이다. 천 기저귀를 사용하는 부모가 1퍼센트만 추가되어도 감소된 쓰레기는 1만 4200가정이 한 해에 배출하는 쓰레기를 완전히 줄이는 것과 같을 것이다.

면봉

플라스틱 소재로 된 막대 대신에 종이를 단단히 만 막대에 양끝을 사용할 수 있는 면봉(유기농 면으로 만든 것이면 더 좋다)을 선택하라. 판지 막대는 생물 분해성이 있고 재생 자원을 이용하는 반면, 석유에서 뽑아내는 플라스틱 면봉은 생물 분해성이 없다. 미국의 가정들 중 10퍼센트가 이런 면봉을 사용한다면 매년 절약된 석유 에너지는 휘발유 56만 8천 리터 이상에 상당할 것이다.

세탁비누

석유를 원료로 하는 세제 대신에 식물성 원료를 기반으로 만든 유아용 액체 세제를 찾아보라. 그런 세제는 유아의 피부에 더 순하고 화석연료의 고갈에 기여하지 않을 것이다. 금년에 출생한 유아들의 옷을 모두 식물성 합성세제로 세탁한다면, 570만 리터의 휘발유를 절감하는 것과 같을 것이다. 또는 세탁기의 세탁 과정을 천만 번 돌리는 데 소비되는 에너지량과 같을 것이다.

유모차

출생 후 처음 몇 달만 쓸 수 있는 유모차는 구입하지 말자. 성장하면서 아기의 몸 크기와 필요성에 맞게 조정할 수 있는 견고한 싱글 유모차를 구입한다면 최소한 150달러를 절약할 수 있고, 추가로 유모차를 생산하는 데 사용되는 자원도 절약할 것이다. 오늘 출생한 미국의 모든 아이들을 위해 아장아장 걸어 다니는 시기까지 사용할 수 있는 유모차를 구입한다면, 50년 동안 2만 5625개의 철야등을 밝힐 수 있는 돈이 절감된다.

장난감 제작회사

국내에서 제작된 장난감을 판매하는 인근 상점에서 장난감을 구입해보라. 미국에서 구매된 장난감들 중 80퍼센트는 해외에서 생산되었고, 71퍼센트는 환경법이 미약한 중국에서 생산되었다. 국내 생산품을 구입하면 오염을 줄일 수 있고 상품을 태평양을 가로질러 운송하는 데 드는 연료비도 절약할 수 있다.

장난감 포장

가능하다면 최소한으로 포장한 장난감을 구입해보자. 미국인들은 매년 36억 개의 장난감을 구입하는데, 때로는 장난감 하나를 포장하는 포장재 부피가 장난감 자체보다 10배나 큰 경우도 있다. 해마다 판매되는 액션 피겨의 모든 포장지를 이어 엄청나게 큰 포장지를 만든다면 키가 7560킬로미터보다 더 큰 액션 피겨를 담을 수 있을 것이다.

장난감

플라스틱으로 된 고리형 치발기나 딸랑이, 목욕용 장난감, 플라스틱 책, 삑삑이 등 아이들이 입에 넣을 수 있는 플라스틱 장난감은 구입하지 말라. 유기농 면과 환경에 무해한 목재로 만든 장난감을 선택하면 플라스틱 제조 공정에 필요한 에너지를 보존할 뿐만 아니라 유해할지도 모르는 성분에 아기가 노출되는 시간이 줄 것이다. 금년 미국에서 출생한 모든 아기들에게 플라스틱 치발기 대신에 천연 소재로 된 치발기를 사주었다면, 15년 동안 쉬지 않고 세서미 스트리트 재방송을 32인치 텔레비전으로 시청할 수 있는 에너지가 절약될 것이다.

플라스틱 장난감

플라스틱보다는 다른 소재로 된 장난감을 찾아보라. 인형과 액션 피겨를 포함하여 다수의 플라스틱 장난감은 PVC 플라스틱으로 만드는데 어린아이들의 건강과 환경에 해로운 프탈레이트로 알려진 독소가 들어 있다. 12세 미만의 모든 아이들이 금년 생일에 플라스틱 소재가 아닌 다른 소재로 된 장난감 한 개만을 선물로 받는다면, 어림잡아 1만 1300톤의 플라스틱 장난감이 쓰레기 매립지에 묻히지 않을 것이고 3100만 명의 생일 케이크를 구울 수 있는 에너지가 절약될 것이다.

나무 장난감

플라스틱 장난감의 대안으로 나무로 만든 장난감을 구입하라. 무독성 나무 장난감들은 아이들의 건강에 더 좋을 뿐 아니라 그런 장난감들은 재생 가능한 자원을 이용한다. 반면에 플라스틱 장난감은 석유에서 추출해내는 것으로 재생할 수 없다. 현재 6세 미만의 아이들이 플라스틱 장난감 대신에 내년에 더 어린 아이들에게 물려줄 수 있는 나무로 된 질 좋은 장난감을 선물로 받는다면, 그 장난감이 재사용되는 기간 동안 매년 쓰레기 매립지에 묻히는 플라스틱을 약 7700톤 줄일 수 있다.

양초

파라핀 밀랍 양초는 석유를 원료로 만들어졌고 연소될 때 디젤의 가스 배출에 상응하는 가스를 내뿜는다. 따라서 100퍼센트 천연 밀랍이나 콩으로 만든 양초를 선택하면 발암 물질로부터 몸을 보호할 수 있고, 실내 공기 질을 향상시킬 뿐 아니라 화석연료 자원을 보존할 수 있다. 이런 양초는 재생 가능한 자원으로 생산되었을 뿐만 아니라, 종래의 파라핀 양초보다 적어도 50퍼센트 이상 오래 타고 90퍼센트 이상 깨끗하게 연소된다. 450그램짜리 파라핀 양초 하나를 제조하는 데 사용되는 원유는 100시간 동안 60와트짜리 백열전구 하나를 밝힐 수 있는 전력을 낼 수 있다. 100가정 중 한 가정만이라도 225그램 양초 하나를 콩 양초나 천연 밀랍 양초로 바꾼다면, 추수감사절로부터 7월 4일까지 록펠러 센터 앞에 있는 크리스마스트리에 하루 24시간 1주일 내내 불을 밝힐 수 있는 에너지가 절약된다.

크리스마스트리

올 크리스마스에 트리를 구입할 계획이 있다면, 가장 친환경적인 선택은 다시 사용할 수 있고 다시 심을 수 있는 생나무를 구입하는 것이다. 생나무가 아니더라도 인공 트리보다는 베어낸 진짜 나무를 구입하는 게 낫다. 인공 트리는 계속 재사용할 수 있지만, 대개는 독성이 있고 재생할 수 없는 PVC 플라스틱으로 만들어졌다. 또 미량의 납이

들어 있으며, 6일간의 휴가가 끝난 뒤에는 폐기 처분되는 경향이 있다. 진짜 크리스마스트리(특히 친환경적인 크리스마스트리)는 환경적으로 이득이 된다. 왜냐하면 그런 크리스마스트리는 자라날 뿐 아니라 새해를 맞은 후에 쉽게 재활용할 수 있기 때문이다. 금년에 새 인공 트리를 구입할 계획을 가진 가정의 10퍼센트만이라도 자연 그대로의 나무를 구매한다면, 2만 톤의 생물 분해성이 없는 물질들이 쓰레기 매립지에 매립되지 않을 것이다.

장식물

올해에 휴일용 장식물을 구입할 계획이 있다면, 제철 식물들(포인세티아, 호랑가시나무, 솔방울)로 장식하는 것을 생각해보라. 재사용할 수 있거나 기증할 수 있는 장식품 또는 앤티크 숍에서 구입한 오래된 물건으로 장식해보면 어떨까. 모든 가정의 3분의 2는 매년 크리스마스 장식물을 새로 사고 75억 달러 이상을 지출한다. 이들 가정에서 장식물 구입비 중 단 6달러를 재사용할 수 있는 물품으로 전환한다면, 크리스마스로부터 1월 1일까지 590만 뉴잉글랜드 가정에서 소비되는 난방비만큼의 돈이 절약될 것이다.

선물 증정

선물용 카드, 연주회 입장권, 레스토랑 이용권과 영화 예매권은 과도하게 포장된 휴일 선물들에 대한 훌륭한 대안이 될 수 있다. 이런 상품들을 온라인으로 구매하면 포장지 쓰레기 2.3~4.5킬로그램을 줄일 뿐만 아니라, 시간과 스트레스 그리고 교통편에 드는 에너지, 계산대 앞에서 줄 서는 시간을 줄일 것이다. 모든 가정의 50퍼센트가 포장된 선물들 중 두 개를 봉투에 넣을 수 있는 선물들로 대체한다면 2만 2700톤 이상의 쓰레기 배출을 줄일 수 있을 것이다.

초대장

재활용 소재 혹은 나무가 들어 있지 않은 소재로 제작된 초대장을 구입하라. 미국인들은 매년 20억 장의 휴일 초대장을 보낸다. 따라서 초대장을 1퍼센트만 줄여도 만 5천 그루의 나무를 보호할 수 있다.

휴일 조명

휴일용 조명을 발광 다이오드형 조명(LED)으로 교체하면 돈과 에너지를 상당히 절약할 수 있다. LED 전구로 된 불빛 100개짜리 조명 줄 세 가닥을 추수감사절에서 신년 초까지 매일 5시간 밝힐 때 평균 3킬로와트시만이 사용되고 에너지 사용료는 30센트에 불과할 것이다. 동일한 기간 동안 커다란 백열전구들은 472킬로와트시의 비율로 전기 계량기를 회전시킬 것이고 비용은 거의 60달러에 이를 것이다. 수명이 10만 시간인 새 LED 전구는 다음 세기까지 사용할 수 있을 것이다.

리본과 나비매듭

올해 휴일에 선물을 포장할 때는 리본으로 묶는 대신 재활용할 수 있는 종이 나비매듭(천연 섬유인 라피아)이나 말린 꽃, 다시 사용할 수 있는 스카프로 장식해보라. 세 가정 중 두 가정이 리본을 팔 길이만큼 덜 사용하면 지구 둘레를 나비매듭 리본으로 묶을 수 있을 정도의 리본이 절감될 것이다.

포장지

다시 사용할 수 있는 가방이나 바구니에 선물을 넣어서 주면 포장지 쓰레기를 줄일 수 있다. 기존의 포장지를 선호하는 사람이라면 재활용한 소재로 된 포장지를 찾아보라. 그리고 큰 조각은 내년에 선물을 포장하는 데 다시 사용하라. 추수감사절에서 신년까지 미국인들은 매주 91만 톤의 쓰레기를 추가적으로 배출한다. 올해 미국 가정의 40퍼센트가 휴일에 사용하는 종이를 2장 줄이면 맨해튼 섬을 포장할 수 있을 만큼의 종이를 절약할 것이다.

 와인과 맥주

음료 포장

천연 광물에서 340그램짜리 알루미늄 캔 한 개를 생산하는 데 필요한 에너지로 무게가 같은 새 유리병 두 개를 생산할 수 있다. 그러니 6병들이 맥주 한 상자를 구매할 때는 캔맥주보다는 병맥주를 선택하라. 일요일 두 번에 걸쳐 중개되는 전미 축구리그 시합 전부를 텔레비전으로 시청할 수 있는 에너지가 제조 과정에서 절약된다. 맥주를 마시는 사람들 중 10퍼센트가 6개들이 캔맥주를 6개들이 병맥주로 바꾼다면 3만 명의 댈러스 카우보이스 팬들을 뉴욕 자이언츠와 대결하는 매도랜드까지 수송할 수 있는 에너지가 절약된다.

국내산 vs. 수입산

선택권이 있다면 인근의 포도주 양조장이나 소규모 맥주 양조장에서 술을 구입하라. 인근 지역에서 생산되는 상품을 구입하면 화석연료 소비를 줄일 수 있을 뿐 아니라 지역 사회를 후원할 수 있다. 미국에는 어림잡아 1억 7600만 명의 성인이 포도주와 맥주를 마시는데, 매년 맥주 246억 리터, 포도주 26억 천만 리터를 소비한다.

유기농 포도주

유기농 포도주는 비유기농 포도주와 비교해볼 때 가격이 적당하고 맛이 좋으며 건강에 유익한 대안이 될 수 있다. 재래 방식으로 제조된 포도주에는 250가지에 이르는 다양한 화학 성분이 포함돼 있다. 와인 권위자 한 사람이 유기농 와인을 1년간 구매하면 대략 900그램의 화학 비료와 50그램의 살충제가 자연 환경과 포도주 잔에 유입되지 않을 것이다. 20명의 포도주 애호가들 중에 한 사람이 유기농 포도주만을 마신다면 유기농 포도원이 거의 1억 6천만 평방미터 확장됐을 것이고, 그 결과 매년 만 5천 톤 이상의 농약이 절감될 것이다.

바이오디젤

디젤 엔진 차를 소유하고 있다면 바이오디젤을 사용해보라. 바이오
디젤은 다른 연료들보다 더 경제적인 에너지일 뿐만 아니라, 재생 가
능하고 생물 분해성이 있으며, 기존의 석유 디젤의 특징인 황 성분을
띤 오염 물질을 배출하지 않는다. 기존의 디젤 연료 대신에 바이오디
젤 B20(바이오디젤 함량이 20퍼센트인 연료)을 사용하기 시작했다면, 매년
평균 190리터의 석유를 아낄 수 있고 탄소 배출량이 30퍼센트가량 줄
어들 것이다. 올해에 판매된 모든 디젤 차가 B20을 사용한다면 연간
절약량은 디젤 연료 9천만 리터에 이를 것이다. 90만 명의 아이들을
1년 내내 등하교시킬 수 있는 양이다.

연료

소유한 차의 안내서에서 특별히 권장하지 않는다면, 더 비싼 고옥탄
가 연료를 일부러 구입할 필요는 없다. 옥탄가 87에 주행하도록 생산
된 차에 옥탄가 92인 연료를 넣는다 해도 엔진 출력이나 연비, 속도,
성능이 개선되지는 않는다. 그런데 차에 기름을 가득 채웠을 때 옥탄
가에 따른 가격 차이는 휘발유 1갤런 값과 맞먹는다. 모든 운전자가
저옥탄가 연료를 사용했다면 해마다 30억 달러를 절약할 수 있다. 이
돈이면 10만 7천 대 이상의 하이브리드 차를 구입할 수 있다.

하이브리드 차

새 차를 구입할 계획을 세우고 있다면 하이브리드 차 구입을 고려해보라. 보통의 자동차보다도 매달 76리터 이상의 휘발유를 절약할 수 있을 것이다. 매년 미국에서 판매되는 자동차 중 1퍼센트가 하이브리드 차라면 해마다 4600대의 유조차를 가득 채울 수 있는 양만큼 휘발유가 절약될 것이다.

오일

자동차 오일을 교환할 때 재정제한 모터 오일을 넣어달라고 요구하라. 고품질의 재정제한 윤활유 4.7리터를 생산하는 데는 재사용 오일 7.6리터만이 사용되는 데 비해 한 번도 쓰지 않은 오일 4.7리터를 생산하고 정제하는 데는 318리터의 원유가 필요하다. 모든 가정들 중 5퍼센트가 오일 교환 시에 재정제한 오일을 사용하기 시작하면 매년 94억 6천 리터의 원유가 보존될 것이다.

무공해 자동차

무공해 자동차는 보통의 새 차보다 적어도 90퍼센트 더 청결한 상태로 주행한다. 무공해 자동차를 구입하면 2만 4천 킬로미터 운전할 때마다 배출되는 스모그 유발 배기가스가 450그램에 불과할 것이다. 앞으로 15년간 로스앤젤레스에서 판매될 새 차들이 모두 무공해 자동차라면 스모그 문제는 사라질 것이다.

차량 서비스

임대 자동차나 택시, 리무진 서비스가 필요할 때 하이브리드 차나 다른 배기가스 배출이 적은 차종을 선택해보라. 하이브리드 차로 80킬로미터를 여행할 경우 휘발유가 3.8리터도 들지 않는다. 반면 보통의 세단으로 동일한 거리를 여행할 경우 휘발유가 두 배 이상 든다. 미국의 자동차 임대 거래 중 20퍼센트가 하이브리드 차 거래라면 매년 휘발유 1억 9천만 리터가 절약될 것이다. 1년 내내 뉴욕의 모든 택시를 운행시킬 수 있는 양만큼이 절약되는 것이다.

중고차

새 차 대신에 중고차를 구입한다면 에너지뿐만 아니라 975킬로그램의 철강을 절약할 수 있다. 차체의 수명 이상으로 운행한 차가 소비한 에너지의 9퍼센트는 생산 과정에서 소비된 것이다. 매년 새 차를 구입하려는 사람 100명 중 한 명이 새 차 대신에 중고차를 선택한다면, 해마다 금문교를 두 번씩 개축할 수 있는 양만큼의 철강이 절약된다.

타이어

새 타이어를 구입할 때가 오면 재생 타이어 구입을 고려해보라. 재생 타이어는 안전성과 성능 면에서 새 타이어와 동일하지만 생산하는 데 드는 석유 자원은 3분의 1이면 되고 타이어 한 개당 48달러쯤 더 싸다. 새 타이어 4개 대신에 재생 타이어 4개를 구입한다면 230리터의 석유가 보존될 것이고 타이어 구입비를 거의 200달러 줄일 수 있다.

재생 타이어 수요가 10퍼센트가량 증가하면, 매년 10억 9천만 리터에 달하는 석유가 절약될 것이다. 이는 미국에서 매일 소비되는 가솔린보다 많은 양인데, 약 9억 달러어치이다.

 사치품

보트

보트를 구입하고자 하는 사람이 환경을 위해 선택할 수 있는 최선의 보트는 노로 젓는 돛단배이다. 전기 모터는 차선책이다. 디젤 동력을 갖춘 배를 구입하려 한다면 4행정 엔진 혹은 연료 직접 분사식 2행정 엔진을 선택하라. 이런 엔진들은 기존의 2행정 엔진보다 35~50퍼센트까지 휘발유를 적게 소비한다. 2행정 엔진은 비효율적이고 연료 탱크에 든 연료 중 3분의 1은 연소되지 않은 채 물속으로 배출된다. 2행정 엔진 보트가 4행정 엔진 보트 혹은 연료 직접 분사식 엔진 보트로 대체된다면, 미국의 호수와 강으로 배출되는 연소되지 않은 연료는 해마다 엑슨 발데스 호가 유출한 기름의 15배만큼 줄어들 것이다.

도자기

파인 본차이나(골회가 50퍼센트 들어간 자기)나 자기 제품을 선호한다면, 식기세척기에 안심하고 넣을 수 있는 제품을 선택하라. 설거지를 손으로 하는 대신에 한 번에 식기 85개를 넣고 세척할 수 있는 식기세척기로 하면 물을 대략 132리터 절약할 수 있다. 약혼한 남녀의 1퍼센트가 식기세척기 사용이 가능한 도자기를 구입한다면, 축하연이 다 끝난 뒤에 총 660만 리터의 물이 절약될 것이다.

고급 유리그릇(크리스털 제품)

크리스털을 구입할 때는 납 성분이 없는 제품을 선택하라. 일반적으로 목이 긴 유리병에 담긴 음료 속에 든 납 성분은 환경 보호청이 정한 식수 내 납 허용 기준치보다 130배나 많을 수 있다. 납은 인간에게 매우 유독하다. 뿐만 아니라 납을 채굴하는 일은 수천 년간 환경에 지속적으로 영향을 끼칠 수 있다. 크리스털 제품 생산으로 유명한 웨일스 지방은 2000년 전부터 납을 채굴한 탓에 지하수가 계속 오염되고 있다.

다이아몬드

새 다이아몬드보다는 오래된 다이아몬드를 구매하라. 원석이 시장에 나오기까지 드는 채굴 비용과 에너지를 아낄 수 있다. 캐럿당 650리터의 물, 35킬로와트시의 전력과 3.8리터의 석유가 절약된다.

귀금속

오래되어 가치가 있거나 재활용한 보석류 구입을 고려해보라. 전형적인 0.33온스 18캐럿 금반지를 생산하려면 채광 작업에 4만 9천 리터 이상의 물을 사용하고 청산염 기가 있는 광산 진흙 20톤가량이 남는다. 천 가구 중에서 한 가구만이라도 다음에 보석을 구입할 때 오래되어 값어치가 나가거나 재활용한 보석류를 선택한다면 200만 톤의 광산 폐기물이 줄 것이다. 미국 성인 2670만 명의 몸무게 합과 맞먹는 무게이다. 또 물 51억 8천만 리터를 아낄 수 있다.

오토바이

선택권이 있다면 전기 오토바이 혹은 하이브리드 오토바이를 찾아보라. 보통의 2행정 엔진 오토바이는 승용차보다 킬로미터당 15배 많은 오염 물질을 배출한다. 최상의 선택은 4행정 엔진인데, 그런 오토바이를 사면 연비를 25퍼센트 정도 향상시킬 수 있고 배기가스 배출량이 2행정 엔진 모델의 절반으로 줄 것이다. 4행정 엔진 오토바이를 구입하면 매년 약 34리터의 휘발유가 절약될 것이다. 피닉스에서 라스베이거스까지 왕복 여행을 하기에 충분한 양이다. 오토바이 소유자 중 15퍼센트가 다음번에 4행정 엔진 오토바이를 선택한다면 라스베이거스 거리를 1년 내내 환히 밝힐 수 있는 에너지가 절약된다.

캠핑카

길이가 9미터가량 되는 호화로운 캠핑카로 1년의 대부분을 여행할 계획이라면, 트럭으로 끌고 다니는 8미터 길이의 고급 레저용 스포츠 차량(SURV)을 선택하면 연료비와 유지비, 구입 비용을 아낄 수 있다. 트럭이 끌면 연비를 두 배로 올릴 수 있을 뿐 아니라 트레일러를 쉽게 분리할 수 있고 단거리 여행에 트럭을 이용할 수도 있다. 캠핑카는 리터당 평균 2.9~3.4킬로미터 주행하는 반면, 보조 바퀴를 매단 차량 내지는 트레일러를 견인하는 트럭은 리터당 5.9~6.3킬로미터 주행할 수 있다. 1년 내내 만 3천 킬로미터를 운행했을 경우에 1900리터 이상의 연료와 1500달러를 아낄 수 있다.

은그릇

순은 제품 대신에 튼튼한 스테인리스제 접시류를 선택한다면 상당한 현금을 절약할 뿐만 아니라 은광을 채굴하는 데 소비되는 에너지를 절약할 것이다. 스테인리스 제품은 대개 재활용 재료로 생산되기 때문에 스테인리스 그릇 85개 한 세트를 만들 때 1300킬로와트시 이상의 에너지가 절약된다. 돈으로 환산하면 품질이 좋은 100달러짜리 퐁뒤 세트를 살 수 있을 정도이다. 신혼부부의 0.5퍼센트가 순은 제품에 우선하여 스테인리스제 접시류를 선택한다면 퐁뒤 파티를 2200만 번 열 수 있는 에너지가 절약될 것이다.

 ## 전자 제품

컴퓨터

사용하지 않을 때 저전력 모드로 조절되는 에너지 스타(Energy Star) 인증 컴퓨터를 찾아보라. 이런 인증을 받은 컴퓨터는 에너지 소비를 70퍼센트까지 줄일 수 있고, 그 결과로 작동 중 컴퓨터 온도가 낮아지고 컴퓨터 수명이 길어진다. 미국 가정의 4분의 1이 기존의 컴퓨터를 에너지 스타 인증 컴퓨터로 대체한다면, 컴퓨터 사용 기간 내내 절약한 에너지로 1년 이상 모든 미국 가정의 조명을 밝힐 수 있다.

DVD 플레이어

다음번에 에너지 스타 인증을 받은 DVD 플레이어를 구입한다면 기존의 DVD 플레이어에 비해서 매년 약 30킬로와트시의 에너지를 절약할 것이다. 금년에 판매된 모든 DVD 플레이어가 에너지 스타 인증을 받은 제품이라면, 1년간 절약한 에너지는 8억 3700만 킬로와트시에 이를 것이다. 이는 원자력 발전소에서 40일 동안 생산한 에너지량과 같다.

팩스

종이가 필요하지 않은 인터넷 팩스를 이용할 수 없다면, 프린터, 복사기, 스캐너로 사용할 수 있는 팩스를 선택하라. 사무실 공간과 전력, 제조 과정에 나오는 쓰레기를 절감할 수 있다. 서너 가지 기기를 따로따로 구입하는 대신에 복합기 한 대를 구입하면 매년 약 400킬로와트시를 절약할 수 있다. 가정을 사무실로 쓰는 100가구 중에서 한 가구가 팩스, 복사기, 프린터를 각각 사용하는 대신에 복합 기능 팩스 한 대를 사용하면 1억 3600만 킬로와트시의 전력을 매년 절약할 수 있다. 이는 세계 도처에서 해마다 생산되고 보존되는 원본 서류 75억 쪽을 팩스로 보낼 수 있는 양이다.

노트북 vs. 데스크톱 컴퓨터

새 컴퓨터를 구입할 계획이 있다면 데스크톱 컴퓨터 대신에 노트북 구입을 고려해보라. 노트북은 데스크톱 컴퓨터에 비해서 생산하는 데 원자재와 에너지가 적게 들고 컴퓨터를 이용할 때도 에너지 소비량이 더 적다. 데스크톱 컴퓨터 대신 노트북을 선택한다면 매년 평균 220킬로와트시 전력과 전기 요금 20달러를 절약할 것이다. 23가정에서 한 가정이 새 컴퓨터로 데스크톱 대신에 노트북을 구입한다면, 절약된 에너지로 실리콘밸리의 모든 가정이 전등을 켤 수 있다.

휴대폰

휴대폰을 자주 바꾸지 말고, 쓰던 휴대폰은 반드시 전자 제품 폐기물 관리 회사를 통해서 폐기하거나 기증하도록 하라. 휴대폰을 구입해서 18개월 만에 새 휴대폰으로 바꾸는 대신 3년간 계속 사용한다면, 새 휴대폰을 생산하는 데 필요한 자원을 효과적으로 줄일 수 있다. 휴대폰 소유자들 중 10퍼센트가 한 휴대폰을 3년간 계속 사용한다면 평균 520만 대의 휴대폰이 매년 폐기될 운명을 모면할 수 있다.

PDA

당신에게 불필요한 기능을 갖춘 PDA를 구입하지 않으면 에너지를 절약할 수 있다. 음악 듣기, 디지털 영상 보기, 문자 메시지 보내기 등의 기능을 갖춘 다른 기기를 소유하고 있는 사람이라면 더 그렇다. 컬러 스크린 PDA로 메일 하나를 송수신하는 데 필요한 에너지로 블랙

베리폰으로 이메일을 17개 이상 송수신할 수 있다. 혹은 PDA로 2분간 음악을 듣는 데 소비되는 에너지로 보통의 MP3 플레이어로는 12분 동안 음악을 들을 수 있다. PDA로 문자 메시지를 보내면 휴대폰으로 문자 메시지를 보내는 것보다 3배나 많은 에너지를 소비한다. 에너지 사용량이 적으면 배터리 수명은 더 길어지고 이용료가 덜 든다.

전화기

침실용 혹은 홈 오피스용으로 새 전화기를 구입해야 한다면 유선전화기 구입을 고려해보라. 해마다 전화기 한 대당 약 28킬로와트시를 절약할 수 있다. 보통의 유선전화기는 충전 모드, 대기 모드일 때도 전력이 계속 소비되는 무선전화기보다 에너지가 덜 든다. 미국 가정들 중 5퍼센트가 무선전화기 대신 유선전화기를 선택한다면, 매년 1억 4천만 킬로와트시가 절약될 것이다. 여름철 13만 명의 십대들이 깨어 있는 시간 내내 통화를 할 수 있는 양이다.

재생 컴퓨터

정밀 검사를 거쳐 새로운 부품으로 갈아 끼워서 만든 재생 컴퓨터 구입을 생각해보라. 쓰레기 63킬로그램, 물 2만 7600리터, 새 컴퓨터를 생산할 때 드는 에너지 2300킬로와트시를 절약할 것이다. 매년 쓸모없어지는 2천만 대의 컴퓨터 중 1퍼센트만이라도 새로운 부품으로 갈아 끼워서 만든 컴퓨터로 바꾼다면, 쓰레기차 1700대 이상을 가득 채울 수 있는 쓰레기가 절감될 것이다. 또 7만 3천 개에 달하는 옥내

수영장을 가득 채울 수 있는 물, 그리고 미국의 모든 개인용 컴퓨터에 55시간 동안 계속 전원을 공급할 수 있는 에너지가 절감될 것이다.

스테레오

급속히 쓸모없어지고 있는 테이프와 콤팩트디스크를 작동시키는 기존의 홈 스테레오를 구입하는 대신에 MP3 플레이어와 병용할 수 있는 오디오 기기를 선택하라. 이런 디지털 시스템은 모든 기능을 다 갖춘 기기에 비해 싸고 크기도 더 작다. 그러니 폐기물 배출량도 더 적다.

텔레비전

평면 화면 TV로 텔레비전을 업그레이드할 계획을 갖고 있다면 32인치 플라스마 스크린 대신에 32인치 LCD 패널을 선택하면 해마다 25달러와 275킬로와트시의 에너지를 절약할 수 있다. 100가정 중 5가정이 이런 선택을 했다면 미국에 있는 2억 6600만 대의 TV수상기 모두가 40시간 동안 트와일라이트존(1985~1988년에 방영된 TV 시리즈. 우리 나라에서 〈환상특급〉이라는 이름으로 방영되었다)을 방영할 수 있는 에너지가 절약될 것이다.

비디오 게임 콘솔

비디오 게임 시스템을 구입할 생각이라면 중고 제품 구입을 고려해 보라. 쓰레기 매립지로 가게 될 유해 물질과 4킬로그램의 플라스틱을 줄일 뿐만 아니라 자원, 제조 과정에 사용되는 에너지 그리고 새 것을 운송하는 데 드는 비용과 에너지를 절약할 것이다. 매년 구매한 50개의 비디오 게임 콘솔 중 하나가 중고였다면 해마다 쓰레기 매립지에 묻히는 전자 제품 폐기물이 10만 톤 줄 것이다.

❝ 친환경적으로 살고자 하는 나의 시도는 단순한 행동과 관련이 있다. 자신의 행동이 불러일으킬 효과에 대해 유념하고, 그 행동에 대해 책임을 지고, 자신을 둘러싸고 있는 세계에 대한 존경심을 가져라.

나는 절약하는 데 몰두하고 있으며 항상 검소하게 살아왔다. 아름다움은 아끼고 돈을 절약하는 것과 관련이 있다. 친환경적인 삶을 위해 나는 이렇게 조언한다. 샤워를 짧은 시간에 끝내고, 양치질을 할 때 수도꼭지를 잠그고, 생수를 마시는 대신에 정화 필터를 사용하고, 필요할 때만 물을 콸콸 틀어라. 집을 비울 때마다 소등을 하는데 그 차이는 미미하다. 이 모든 사소한 일들이 중대한 차이를 만들어낸다. 톱모델 하우스 소녀들은 자원을 낭비하는 것보다 더 나를 분노케 하는 일은 없다고 말할 것이다. 모두들 나처럼 해야 한다는 말은 아니다. 하지만 내가 이 세상을 보고 느끼는 방법의 예를 제시할 수 있다면, 마찬가지로 나는 지구에 더 친근하게 다가가는 방법들을 제시하는 데도 도움을 줄 수 있을 것이다. 모든 사람들이 그 일을 할 수 있다. 그리고 우리 모두가 이런 습관을 실천한다면 우리는 우리의 행성을 훨씬 더 보기 좋게 만들 수 있다!

히피가 되어야 한다는 말을 하는 게 아니다. 그러나 원한다면 히피의 깃발을 휘날려보라! 해법은 자기 자신에 대해서, 가족과 친구들 그리고 세상에 대해서 관심을 갖는 데 있다. 모든 것은 회귀한다. **❞**

타이라 뱅크스
모델, 배우, 가수, 사업가. 2009년 데이타임 에미상 토크쇼 진행자상, 2008년 데이타임 에미상 정보 제공 부문 최우수 토크쇼상을 받았다.

건강과
아름다움

Health and Beauty

거울아 거울아,
이 세상에서 누가 제일 친환경적이니?

전반적인 상황

외모를 가꾸는 일이 우리와 이 세계에 매우 나쁜 결과를 불러올 수 있다. 연간 규모가 1600억 달러에 이르는 건강 산업과 미용 산업은 특히 간소한 포장이나 제품에 해로운 물질이 들어간 경우에 그 양을 줄이는 데 관심이 없는 사업들이다. 천연 성분을 내세운 피부 관리 제품마저도 '자연 그대로'라고 평가받는 데 필요한 천연 재료는 1퍼센트에 불과하다. 나머지 내용물은 합성 성분들이다. 피부에 바르는 물질은 60퍼센트까지 흡수되기 때문에, 해마다 2킬로그램에 이르는 합성 화학 성분이 몸에 흡수될 수도 있다.

썩 좋은 상황 같지는 않다. 그리고 모든 사람이 얼굴에 두껍게 화장을 하고 다니는 것은 아니지만, 우리는 아름답게 꾸미는 데 많은 시간과 돈을 허비한다. 미국인들은 매년 미용 제품을 구입하는 데 연방 정부가 교육에 투입하는 돈의 7배 이상 되는 돈을 쓴다.

우리는 포장, 특히나 과장된 포장에 많은 돈을 지출한다. 이는 곧 우리를 둘러싼 환경이 치러야 할 비용이다. 실제로 큰 향수 병에는 향수가 얼마나 들어 있을까? 그 향수 병은 심지어 향수 병보다 더 큰 상자 안에 들어 있다. 과장된 포장은 대부분 마케팅 수단이다. 우리가 일인 당 매년 약 91킬로그램의 플라스틱을 소비하며, 그중 곧바로 던져버리는 포장지가 약 27킬로그램에 달한다는 것을 생각해보라.

아름다움을 가꾸는 데 사용되는 제품들만 문제가 되는 것은 아니다. 매일 쓰는 위생 관련 제품들에 대해서도 생각해보라. 매년 사람들은 일회용 면도기를 20억 개 이상 구입한다. 그런 면도기는 계속 사용하기 위한 물건이 아니다. 그러니 '일회용'이라고 분류되는 것이다. 모든 면도기의 플라스틱 손잡이와 면도날은 결국 쓰레기가 된다는 말이다. 해마다 쓰레기 매립지에 버려지는 2만 2700톤 이상의 칫솔 다음으로 많은 쓰레기는 틀림없이 면도기일 것이다. 샴푸 병은 대부분 가공한 적이 없는 플라스틱으로 만들어졌다. 컨디셔너와 샤워젤은 지구에 조금도 이롭지 않다. 심지어 비누를 사용하면 유해한 첨가제들도 씻겨 나온다. 또 방취제와 땀 방지제는 땀 배출량을 줄이고 땀구멍을 막기 위하여 알루미늄, 아연 또는 지르코늄을 함유하는 아스트린젠트 염으로 제조된다. 알루미늄이 든 제품을 사용하고 나면 자연 경관에 상처를 남기고, 물을 오염시키며, 막대한 양의 전기를 소비한다.

그렇다고 해서 양치질이나 면도를 하지 말고, 체육관에서 운동을 하고 나서 악취를 풍기고 다니라는 말을 하는 것은 아니다.

그리고 체육관에 대해 말하자면, 미국에는 대략 4천만 명이 체육관 회원으로 가입되어 있다. 그들은 물, 타월, 물병 그리고 작은 플라스틱 컵을 반복해서 사용한다. 그런데 아이러니하게도 그 85그램짜리 컵

하나를 제조하는 데 110그램 이상의 물이 든다. 이런 사실을 알게 되면 다음번에 음용 분수에서 컵을 가져와서 물을 마신 뒤에 컵을 바로 던져버리는 행동에 대해 다시금 생각하게 될 것이다. 그리고 하루에 사용된 체육관 타월의 수는 보디빌딩 경력이 한창일 때 아널드 슈워제네거의 가슴을 3750만 번 감을 수 있을 정도이다.

이 모두를 염두에 두고 우리는 '손쉬운 행동들'을 고안해냈다. 전반적인 상황과 관련된 모든 중요한 사항들을 고려해볼 때, 다음과 같은 행동들을 실천하면 최소한의 노력으로 최대한 긍정적인 효과를 거둘 수 있다.

손쉬운 행동들

1 **체육관에 갈 때 집에서 필터로 정수한 물을 채운 재사용할 수 있는 물병을 가져가라.** 매년 평균 200달러와 6350그램의 플라스틱을 절약할 수 있다. 운동하기 전에 병에 담긴 생수를 사는 20명의 회원들 중 한 명이 집에서 재사용할 수 있는 물병을 가져오면, 해마다 절감된 플라스틱은 만 3천 톤에 이를 것이다. 20만 명이 65킬로그램짜리 역기를 들어 올렸을 때 그 무게를 다 합한 것만큼 된다.

2 **면도날을 교체할 수 있는 질 좋은 면도기를 구입하라.** 일회용 플라스틱 면도기들은 재활용할 수 없고 생물 분해성도 없다. 또 생산하는 데 에너지가 훨씬 더 많이 소비된다. 다음 한 해 동안 일회용 면도기 대신 리필 카트리지를 구매해 사용하면, 플라스틱을 제조하지 않음으로써 절감된 에너지로 커피를 다섯 주전자 가득 끓일 수 있다. 매년 판매된 일회용 면도기 중 절반이 면도날을 교체할 수 있는 것으로 바뀐다면, 절감된 에너지로 샌디에이고의 커피 애호가 2만 6천

명이 그들 소유의 코나 커피를 따러 하와이의 빅 아일랜드로 비행기를 타고 갈 수 있다.

3 날씨가 적당하다면 러닝머신에서 내려와 야외에서 걷거나 조깅을 해보자. 러닝 머신에서 보내는 시간의 25퍼센트 정도를 야외에서 보내면 해마다 약 60킬로와트시가 절약된다. 건강을 위한 육체 활동 중 걷기를 최우선으로 하고 있는 미국인의 10퍼센트가 실내 대신에 야외에서 걷기를 했다면 자동차를 6만 4천 킬로미터 운행시킬 만큼의 에너지를 절약했을지도 모른다. 그 거리는 〈어메이징 레이스(The Amazing Race)〉에 참가한 경쟁자들이 시리즈가 방영되는 동안에 세계를 여행한 거리와 맞먹는다.

작은 실천들

 체육관에서

운동 기구

전력을 사용하지 않은 운동 기구를 이용해 심장 강화 운동을 해보라. 러닝머신이나 스테퍼보다는 헬스 자전거나 타원 운동기를 선택하는 것이다. 40분간 운동을 하면 0.8킬로와트시가 절감된다. 이는 11킬로미터를 달렸을 때 몸에서 소모된 에너지보다 많다. 꼬박 1년 동안 러닝머신을 이용하지 않고 그 대신에 매주 5번 자전거를 탄다면, 160킬로와트시를 절감할 것이다. 이는 멕시코에서 캐나다 국경까지 5번 주간고속도로를 달렸을 때 소비하는 양과 비슷하다.

사우나/한증막

사우나를 마치고 나면 사우나 시설을 꺼두자. 타이머를 자동으로 꺼지게 설정해놓으면, 사우나 시설이 가동되지 않는 동안 분당 약 0.1킬로와트시를 절약할 수 있다. 미국에 있는 사우나 시설의 절반을 매일 1분만 꺼두어도 연간 전력 절감량은 7천만 킬로와트시에 이를 것이다. 여름철 덥고 습한 미 대서양 연안의 2만 5천 가구에 냉방을 하기에 충분한 에너지가 절감되는 것이다.

샤워

매일 아침 일하기 전에 샤워를 하고 저녁에 체육관에 들른 다음 다시 샤워를 한다면, 아침에 운동을 하고 하루에 한 번만 샤워를 하는 쪽으로 일과를 바꿔보는 것에 대해 생각해보라. 하루에 샤워 1회를 덜 하면 물 760리터를 절약할 수 있다. 한 해에 11만 3천 리터 이상의 물을 절약할 수 있는데, 이는 가로세로가 각각 6미터, 12미터인 옥외 수영장을 가득 채우기에 충분한 양이다.

타월

체육관에서 제공하는 타월 대신에 개인용 타월을 가져가 사용하라. 지독한 냄새를 풍기는 각종 세제, 표백제와 소독약에 피부가 노출되는 정도가 줄어들 뿐만 아니라 물과 에너지를 절약할 수 있다. 미국의 피트니스 클럽 회원 중 1퍼센트가 개인용 타월을 가져가 사용하기 시작한다면, 매일 세탁물 4천 대 분량이 줄어 연간 물 1억 3600만 리터 이상이 절감될 것이다.

자전거 타기

아침에 자전거를 타고, 자전거 전용 도로를 이용하라. 자전거 전용 도로에 있으면 폐로 들이마시는 유독 가스량을 최소화할 수 있다. 오염 정도가 가장 낮은 아침에 주로 야외 운동을 하면 공기 오염 물질에 노출되는 시간을 줄일 수 있다.

도보 여행

도보 여행을 할 때는 발자국 이외에는 어떤 것도 남기지 말고 왕래가 잦은 길을 이용해 그 영향을 최소화하라. 미국에서는 매년 32만 킬로미터가 넘는 오솔길들이 7500만 명의 미국인 도보 여행자들에 의해서 짓밟히고 있다. 이는 50만 평방미터에 이르는 미국 대통령의 별장인 캠프 데이비드 전체에 두 번에 걸쳐 장화 자국을 남기는 것과 같다.

수영

염소로 소독된 수영장보다는 염분이 함유된 수영장이나 태양광선으로 이온화된 수영장을 이용하라. 소금이나 이온화 과정을 통해서 소독된 수영장은 환경에 더 이로울 뿐만 아니라 피부와 눈, 두발, 폐에 더 이롭다. 미국에 있는 염소로 살균한 수영장 모두가 염분을 함유한 수영장으로 전환된다면, 매년 수영장에 8만 2500톤의 화학 약품을 쓰지 않아도 될 것이다.

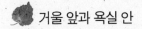
베이비오일

석유를 정제해서 제조된 오일 대신에 과일 씨와 견과류 씨에서 추출한 오일을 선택해보라. 베이비오일이나 미네랄 오일은 휘발유를 생산할 때 나오는 부산물이다. 미국에서는 해마다 약 3억 8천만 리터의 미네랄 오일이 소비된다. 매일 미국에서 소비되는 휘발유의 25퍼센트에 이르는 양이다.

목욕용 소금/목욕용 발포체

목욕용 소금이나 목욕탕에 타는 발포제를 구입한다면 농축된 제품을 구입하라. 예를 들어 목욕할 때 뚜껑 하나 분량(15그램)을 넣으라고 되어 있는 제품은 뚜껑 2개 분량을 넣게 되어 있는 제품보다 두 배 더 오래 사용할 수 있다. 두 달에 한 번 450그램짜리 목욕용 발포제를 구입하되 더 농축된 제품으로 바꿔 구입하면, 매년 플라스틱 114그램, 그리고 10~20달러 이상을 아낄 수 있다. 100가정 중 한 가정이 이런 식으로 발포제 구매를 줄인다면 절감되는 플라스틱은 114톤에 이를 것이다. 리글리필드(시카고 커브스의 홈구장) 크기의 어린이 물놀이터를 지을 수 있는 양이다.

컨디셔너

따로따로 구입하는 대신에 샴푸와 컨디셔너 기능이 한 병에 담긴 제품을 사용해보라. 돈과 포장재를 절약할 수 있을 뿐만 아니라 샤워 시간이 줄어들어 그에 따른 시간과 물, 돈을 절약할 수 있을 것이다. 7가정 중 한 가정이 샴푸와 컨디셔너 기능이 한 병에 담긴 제품을 구매한다면 매년 절감되는 플라스틱으로 27층 높이의 축구장을 가득 채울수 있을 것이다.

화장솜

구입한 화장솜이 실제로 면화로 된 것인지 확인하라. 폴리에스테르가 든 화장솜도 있다. 플라스틱과 관련 있는 합성 재료인 폴리에스테르 제품은 면제품보다 67퍼센트 이상 에너지를 소비한다. 따라서 유기농 솜이나 무염소 표백 화장솜을 찾아보라. 그런 화장솜은 가족의 건강뿐만 아니라 환경에 더 바람직하다.

방취제

방취제(deodorant)를 구입할 때, 땀구멍을 막는 데 알루미늄염을 사용하는 발한억제제는 구입하지 말라. 건강에 유해할지 모를 독소가 들어 있을 뿐 아니라 알루미늄을 채굴하는 데 엄청난 에너지가 필요하다. 알루미늄이 들어 있지 않은 방취제 한 병을 구입하면, 노트북을 30분간 이용할 수 있는 에너지가 절감된다. 성인의 5퍼센트가 발한억제제를 신뢰할 수 있는 제품으로 대체한다면, 연간 절감된 에너지의 가치는 매년 미국의 교실에 필요한 새 컴퓨터 250대를 구입할 수 있는 금액과 같다.

아이라이너

플라스틱 용기에 든 액상형 아이라이너나 펜슬 대신에 나무로 된 아이라이너 펜슬을 구입하면 쓰레기를 최소화할 수 있다. 펜슬을 깎을 때 나온 나무 부스러기는 생물 분해성이 있는 반면, 플라스틱은 대부분 그렇지 않다. 아이라이너를 사용하는 20명 중 한 사람이 플라스틱 펜슬 대신에 나무 펜슬로 대체하면 4.5톤의 플라스틱을 절감할 수 있다.

아이 섀도

압착된 아이 섀도를 사용한다면, 리필할 수 있게 홈이 나 있는 콤팩트를 선택하라. 완전히 새것인 용기를 구입하는 대신에 리필 가능한 콤팩트를 구매한다면, 비용을 아낄 수 있고 딱딱한 플라스틱과 유리, 크롬 포장(일부는 거울이 들어 있다)을 한 제품을 생산하고 운반하는 데 소비되는 상당한 양의 에너지가 절감될 것이다. 또 콤팩트를 다 사용했을 때 폐기 처분되는 쓰레기도 줄일 수 있다. 여성 25명 중 한 사람만이라도 리필형 아이 섀도를 선택한다면 해마다 화장품 용기 쓰레기가 159톤 이상 줄 것이다.

파운데이션

재활용할 수 없는 플라스틱 튜브나 병에 든 것보다는 쉽게 재활용할 수 있거나 재사용할 수 있는 유리 용기에 든 파운데이션을 선택하라. 플라스틱 용기에 든 제품을 피하면 제조 과정에 필요한 에너지가 절약되는데 그 양이면 7시간 이상 메이크업 거울에 백열전구를 켤 수 있다. 여성 20명 중 한 명이 다음에 파운데이션을 구매할 때 플라스틱 용기가 아니라 유리병에 든 것을 선택한다면, 24년간 일주일에 한 번 76리터들이 가스탱크를 가득 채울 수 있는 에너지가 절약된다.

염색약

가정용 염색약으로 영구적인 합성 염료와는 달리 식물에서 추출한 색소가 든 반영구적인 염색약을 고르면, 더 친환경적인 선택이 될 것이다.

립스틱

여성이 일생 동안 평균 1.8킬로그램이 넘는 립스틱을 무심코 먹는다고 가정하면, 합성 오일, 파라핀납, 유독한 콜타르 염료(색상과 숫자 앞에 FD&C나 D&C를 표시한 제품)로 제조된 립스틱 대신에 식물에서 추출한 성분으로 제조된 제품을 찾고자 할 것이다. 립스틱을 바르는 다섯 명 중 한 사람이라도 식물성 제품을 선택한다면, 석유 제품 소비량이 매년 374톤 이상 줄 것이다.

로션

보통 펌프가 달린 용기에 든 로션을 구입하고 있다면, 손가락으로 밀어 올려 쓰는 뚜껑이 달려 있고 빈병을 그대로 재사용할 수 있는 리필 용기를 구매하면 쓰레기 매립지로 가는 펌프형 로션 병이 줄 것이다. 미국 가정 중 10퍼센트가 펌프가 달려 있지 않은 로션 한 병을 구매했다면, 절감된 플라스틱은 113톤에 달할 것이다. 태닝 부스 1200개 가량을 바닥에서 천장까지 펌프가 달린 로션 병으로 충분히 채울 수 있는 양이다.

마스카라

석유에서 추출한 제품보다는 식물이나 미네랄을 원료로 만든 마스카라를 구입하는 것이 좋다. 그런데 그런 제품을 구입하는 것이 어렵다면 안에 판지를 댄 플라스틱 용기에 든 제품은 피하라. 미국에서 버려지는 쓰레기의 4분의 1 이상이 포장지 쓰레기인데(연간 일인당 240킬로그램), 이런 불필요한 쓰레기도 여기에 일조하는 것이다.

향수/오드콜로뉴

순수 식물 성분을 함유하고 있는 향수나 오드콜로뉴 제품으로 바꿔보라. 기존의 향수 제품은 대개 석유에서 추출한 화학물질을 함유하고 있고, 환경에 부정적인 효과를 불러일으킨다. 이러한 화학물질들 중 36만 3천 톤이 매년 향수 제품을 제조하는 데 사용되고 있기 때문에, 그러한 화학물질들은 환경에 가장 널리 퍼진 독소들 중 하나로 간주된다.

샴푸

소비 후에 재활용된 플라스틱으로 생산된 샴푸 병을 찾아보라. 플라스틱을 재사용하고 쓰레기를 줄이는 데 도움이 될 것이다. 뿐만 아니라 최초의 플라스틱보다 재활용된 플라스틱을 생산하는 데 에너지가 적게 소비된다. 예를 들어, 소비 후 재료가 25퍼센트가량 함유된 370 그램짜리 샴푸 한 통을 구입하면, 10분 동안 헤어드라이어로 머리를 매만질 수 있는 에너지가 절감된다. 미국의 10가정 중 한 가정이 재활용 소재로 생산된 병에 든 샴푸를 구매하면, 1년 내내 160가구에 풍력 전력을 공급할 수 있는 에너지가 절약된다.

면도 젤/폼

비누나 샤워 젤만 사용해 면도를 하는 대신 면도용 젤을 구입하기로 했다면 에어로졸 제품은 피하라. 에어로졸 화학물질이 더 이상 오존층을 고갈시키고 있지는 않지만, 그런 물질은 피부에 바르는 거품형 제품이 배출하는 석유 압축가스로 대체되어왔다. 에어로졸 면도용 제품들을 구입하지 않는다면 매년 석유를 거의 230그램 아낄 수 있다. 모든 가정들 중 10퍼센트가 에어로졸 형태의 면도용 젤과 거품형 제품을 대체할 수 있는 제품을 선택한다면 스프레이용 압축가스를 생산하지 않음으로써 27만 가구에서 한 달간 전등을 밝힐 수 있는 양의 석유가 절감된다.

비누

액상 목욕 비누보다는 보통 비누를 사용하라. 값이 더 싸고, 포장 쓰레기도 적다. 보통 비누 한 장으로 약 20번 정도 샤워를 하는 반면에, 450그램 샤워 젤 한 병으로 평균 80번 샤워를 할 수 있는데 샤워 젤 가격은 평균적으로 비누의 4배 이상이다. 미국의 모든 가정에서 병에 담긴 샤워 젤 대신 비누를 쓴다면 대략 1100톤이 넘는 플라스틱 용기 쓰레기가 나오지 않을 것이다.

스펀지

합성 나일론 스펀지 대신에 생물 분해성이 있고 완전한 천연 소재인 수세미나 재사용 가능한 무지 수건을 목욕할 때 사용해보라. 나일론은 석유를 원료로 만든 제품이고 재활용될 수 없기 때문에, 스펀지를 생산하는 데 소비되는 에너지가 절감될 것이고 폐기 처분하는 데 드는 비용도 절약될 것이다. 미국인 50명 중 한 명이 나일론 스펀지 대신에 지속 가능성 있는 대체물을 사용했다면, 거의 9만 3천 평방미터 면적으로 쏟아지는 물을 빨아들일 수 있을 만큼 큰 스펀지를 절약했을 것이다.

탐폰

유기농 탐폰을 구입해보라. 기존의 면 탐폰에 사용된 살충제와 표백제는 공기와 물, 토양을 오염시킨다. 여성 20명 중 단 한 명이라도 유기농 탐폰으로 바꾸었다면 연간 살충제 340톤이 사용되지 않을 것이다.

❝ 대부분의 사람들은 내스카(NASCAR. 미국 개조자동차경기연맹) 자동차 전용 경기장에서 나의 주 스폰서가 버드와이저라는 사실을 알고 있다. 나는 버드와이저 사와 1999년 이래로 함께해왔으며, 플로리다 데이토나 비치에서 매년 개최되는 데이토나 500 같은 자동차 경주대회들에서 여러 차례 우승의 기쁨을 함께 누렸다.

많은 사람들이 모르고 있고, 나도 근래에야 알게 된 사실이 있다. 앤호이저부시 (125년 이상 버드와이저를 생산해온 기업)에서 세상을 돕는 일을 하고 있다는 것이다. 앤호이저부시는 알루미늄 캔을 가장 많이 재활용하고 있는 기업 중 하나다. 앤호이저부시는 실제로 그 기업이 판매하는 캔 이상을 재활용한다. 그리고 천연자원을 절약하기 위하여 캔에 함유된 알루미늄 양을 줄여왔다. 또 '버드 아웃도어' 프로그램을 통해서 야생 생물 서식지를 보호하는 일에 참여했다.

앤호이저부시는 광고를 하지 않고 이런 일들을 하고 있다. 올바른 일이기에 그렇게 하고 있는 것이다. 그 점을 나는 존경한다. 그러므로 다음번에 친구들과 같이 차가운 버드와이저를 마실 때, 그 캔들을 재활용 용기에 버려라. 아마 대략 60일 이내에 재활용한 캔들은 다시 판매대로 갈 것이다. 그러면 당신은 8번 번호를 단 붉은색 내 경주차와 내가 결승선에 1위로 들어올 때 더 즐거이 버드와이저를 마실 수 있을 것이다. ❞

데일 언하트 주니어
자동차 경주 선수. NASCAR의 전설적인 선수인 데일 언하트 시니어의 아들이다. 자동차 경주 선수권 대회에서 여러 번 우승했고 모터 스포츠 회사를 설립하여 운영하고 있다.

스포츠

Sports

야구 경기에 날 데리고 가주오,
그러나 먼저 내 물병을 가지고 갈 수 있게 해주오.

전반적인 상황

해마다 미국에서는 3억 5천만 켤레의 운동화가 팔린다. 이 7억 개의 새 신 바닥들은 다 닳을 때까지 약 640킬로미터를 밟고 다닌다. 그러고 나서 쓰레기 더미로 간다.

그러나 스포츠 활동을 통해 환경에 영향을 미치는 것이 비단 신발만은 아니다. 배트, 헬멧, 공, 야구 장갑, 보호구와 그 밖의 스포츠 장비들은 대개 PVC 소재로 제작된다. 광범위하게 사용되는 플라스틱인 PVC는 단단하게도 부드럽게도 가공할 수 있는 한편 쉽게 재활용할 수는 없다. 다수의 스포츠 장비들이 실제로 재활용될 수 없는 장소에 있다. 대부분은 차고나 벽장, 다락방 여기저기에 있고 좀처럼 사용되지 않고 방치돼 있는 것이다.

친한 친구들과 게임을 할 때 오래된 테니스공을 사용할 수도 있을 것이다. 그러나 해마다 생산된 3천만 개의 새 테니스공은 대개 압축된 플라스틱 튜브에 들어 있고 그런 튜브는 애완견들이 물고 노는 장난감이 되지 못한다. 즉 그 플라스틱 튜브들은 우리가 매일 버리는 6천만 개의 플라스틱 물병과 함께 쓰레기통 속으로 버려진다.

대부분의 스포츠맨들은 물이 스포츠 세계에서 꼭 필요한 것이라 말할 것이다. 운동을 할 때는 물을 마셔야 한다. 스포츠 게임이 개최되는 지역에서는 필요한 것이 많은데, 상당한 양의 물도 필요하다. 세계의 골프장들에서 하루에 물을 94억 6천만 리터 사용한다. 47억 인구가 하루를 살아가는 데 필요한 물의 양과 같다. 지구상 모든 사람들에게 필요한 수요에 상당히 근접한 양이다. 게다가 골프장은 수질 오염의 원인이 되는 살충제와 화학 비료를 사용한다.

그러나 골프 모임에서만 스윙을 거두지는 말자. 스키를 타는 사람들, 아이스하키를 하는 이들, 수영을 하는 이들 또한 이 세계가 공급하는 물 속에서, 물 위에서 그리고 그 물을 사용하여 게임을 한다. 그리고 필드 경기는 토양을 황폐화시킨다. 주간 경기만이 아니라 야간 경기에서도 그렇다. 게다가 야간 경기는 밤하늘의 천제를 관측하는 데 지장을 주는 광공해 현상의 원인이 된다. 사실상 지나친 조명은 매일 약 200만 배럴의 원유가 낭비되는 원인이 된다.

이 모두를 염두에 두고 우리는 '손쉬운 행동들'을 고안해냈다. 전반적인 상황과 관련된 모든 중요한 사항들을 고려해볼 때, 다음과 같은 행동들을 실천하면 최소한의 노력으로 최대한 긍정적인 효과를 거둘 수 있다.

1 스포츠 장비가 필요할 때마다 빌려서 사용해보라. 1년에 한두 번 이상 즐길 수 없다는 것을 알고 있으면서도 우리는 스포츠 용품을 구입하느라 돈을 낭비하고 보관하기 위해 차고를 어질러놓는다. 대신 빌려서 사용하면 장비를 추가로 생산하는 데 필요한 에너지를 절감할 것이고, 결국 쓰레기 매립지로 가게 되는 폐기물이 줄 것이다. 해마다 구매된 스키와 스노보드 8개 중 하나가 임대된다면, 그 스키와 스노보드 장비를 지중해 리비에라에서부터 발칸 반도의 슬로베니아에 이르기까지 줄을 세워 800킬로미터에 달하는 알프스 산맥의 초승달 모양을 그릴 수 있을 것이다.

2 재활용한 고무창을 깐 운동화와 등산화를 구입해보라. 에너지를 절약하고 쓰레기를 줄일 수 있다. 소매상에게 물어보면 이런 브랜드를 알아낼 수 있다. 재활용한 고무를 25퍼센트 사용한 운동화 한 켤레의 밑창을 생산하는 과정에서 절감된 에너지는 인디애나 페이서스 농구팀 경기를 텔레비전으로 11시간 이상 시청할 수 있는 전력에 해당한다. 금년에 시판된 모든 운동화에 25퍼센트가량 재활용 고무를 사용한 신발 밑창이 깔려 있다면 9200만 켤레의 고무창을 생산할 수 있는 고무가 절약될 것이다. 인디애나폴리스까지 수송할 수 있다면 콘세코 필드하우스(미국 프로농구팀 인디애나 페이서스의 홈구장)를 가득 채울 수 있는 양이다.

3 야외 스포츠를 할 때 쓰레기를 아무 데나 버리지 말고, 눈에 보이는 쓰레기는 모두 주워 적절하게 폐기하라. 스포츠팬들 모두가 쓰레기를 줍고 적절하게 폐기한다면, 매년 1480톤 이상 또는 쓰레기차 185대분을 가득 채우기에 충분한 양의 보기 흉한 쓰레기가 오솔길, 해변, 호수, 강, 숲, 해양, 그 밖에 훼손되기 쉬운 생태계에 버려지지 않을 것이다.

작은 실천들

 장비

가방

재활용도가 낮은 PVC나 석유에서 뽑아낸 폴리에스테르로 된 제품보다는 재활용 소재로 생산된 더플백과 배낭을 선택하라. 그런 가방 하나를 구입하면 쓰레기 매립지에 쌓이는 2리터들이 탄산수 병 15개에 해당하는 폐기물을 줄일 수 있다. 해마다 야외 활동에 참여하는 미국인의 1퍼센트가 재활용 소재로 된 운동 가방을 구입한다면, 81.6톤 이상의 플라스틱 쓰레기가 나오지 않을 것이다.

구기용 공

자신이나 애완견을 위해 테니스공을 구입한다면 무압구, 곧 가스가 주입돼 있지 않은 제품을 구매해보라. 무압구는 가스가 주입돼 있는 공보다 수명이 더 길 뿐만 아니라 압축된 플라스틱 혹은 알루미늄으로 봉인한 금속 튜브 대신에 재사용할 수 있는 그물백이나 재활용 가능한 종이 상자에 포장되어 판매된다. 매달 12개들이 테니스공을 구입한다면, 한 해에 1360그램 이상의 플라스틱을 절약할 수 있다. 매년 제조된 테니스공 3억 6천 개 중 25퍼센트가 추가적으로 무압구라면, 퀸스, 뉴욕, 윔블던을 이을 수 있는 양만큼의 플라스틱 튜브가 절약될 것이다.

배트

알루미늄은 미국에서 생산된 재료들 중에 에너지를 가장 많이 소비하는 재료이므로 재생 가능한 나무나 대나무로 생산된 배트 사용을 고려해보라. 오염을 줄이는 데 일조할 것이고 야구방망이 하나를 만들 때 드는 거의 3.8리터의 휘발유에 상응하는 에너지를 절감할 것이다. 유소년 야구 리그 선수 열 명 중 한 명이 알루미늄이 사용되지 않은 배트를 선택했다면, 미국 전역에서 만 명의 야구팬을 펜실베이니아 윌리엄스포트에서 열리는 유소년 야구 선수권 시합을 관전할 수 있게 수송할 수 있는 에너지가 절감된다.

자전거

알루미늄 프레임으로 제작된 자전거보다는 강철 프레임으로 된 자전거를 선택하라. 적어도 25킬로와트시의 에너지를 아낄 수 있을 것이다. 철강 프레임은 재활용 소재로 생산할 수 있는 반면에 알루미늄 프레임은 새로운 천연 광물을 원료로 생산하기 때문에 생산하는 데 에너지가 더 많이 소비된다. 그런데 재활용한 철강으로 생산되지 않은 철강 프레임도 알루미늄 프레임보다는 생산하는 데 에너지가 더 적게 든다. 매년 판매된 자전거들 중 10퍼센트가 알루미늄 프레임 대신에 철강 프레임으로 제작되었다면, 400만 개의 페달이 전속력으로 질주해 자동차 2400대가 한 해에 사용하는 연료에 해당하는 에너지가 절감되었을 것이다.

기부

사용한 스포츠 용품을 기부하라. 훌륭한 대의에 이바지할 수 있고, 새 장비를 제조하는 데 드는 자원을 절약하며, 오래된 물품이 쓰레기 매립지로 가는 순간을 늦출 수 있을 뿐 아니라 세금 감면 혜택도 누릴 수 있을 것이다. 미국 골퍼 중 10퍼센트가 골프채 14개 한 세트를 굿윌(Goodwill)에 기부하면 세금 환불액은 미국 내 모든 골프장의 골프 홀 27만 개를 100개 이상의 골프공으로 채우고도 남는 액수일 것이다. 공을 다 넣으려면 홀을 더 깊이 파야 할 것이다.

보통 장비

더 가벼운 물품들, 이를테면 합성수지로 생산된 배트, 라켓, 자전거, 스틱, 클럽 등을 찾아보라. 그런 장비들은 나무나 금속 소재 제품보다 내구성이 강하고, 자원을 보존하고, 에너지가 덜 들며, 쓰레기 매립지로 가는 쓰레기를 줄이는 데 도움이 될 것이다.

중고 장비

중고 장비를 구매해보라. 중고 장비 시장은 이미 10억 달러 규모에 이르는데, 수십만 종에 달하는 스키, 골프채, 러닝머신, 캠핑 용품, 실내 운동용 자전거들이 재판매되고 있다. 새 스포츠 용품들에 지불하는 금액의 5퍼센트가 중고 물품을 구입하는 방향으로 전환된다면, 미국인들은 매년 2억 5천만 달러를 절약할 수 있다. 이 돈이면 2만 가구가 태양열 집열판을 구입할 수 있다.

야구 장갑과 권투 장갑

비닐이나 PVC 플라스틱으로 된 야구 장갑과 권투 장갑을 사용하지 말라. PVC 생산은 대기 오염과 수질 오염의 원인이 될 수 있다. 게다가 PVC는 재활용하는 데 엄청난 에너지가 들고, 연소될 때 고농도의 독소를 배출한다. 유소년 야구 리그 선수 중 10퍼센트가 처음에 비닐 소재로 된 것이 아닌 장갑을 이용한다면, 76톤 이상의 PVC가 사용되지 않을 것이다(그것이 환경에 끼치는 영향도 예방될 것이다).

골프채

공교롭게도 매년 골프에 매료되는 골퍼들이 늘어나는 만큼 골프를 그만두는 사람들도 나온다. 그러므로 골프 무경험자로 새 골프채를 구입하려 한다면 강철로 된 골프채들 중 절반만 갖고 시작해보라. 스윙이 개선되면 갖고 있는 골프채 세트에 다른 골프채를 추가할 수 있다. 그런데 골프가 자신에게 맞지 않는 운동이라고 결론이 난다 해도 그간 들인 비용은 많지 않으며 소비된 자원도 소량일 것이다. 골프 초심자 중 50퍼센트가 골프채가 반만 들어 있는 세트를 구입한다면, 매년 시애틀의 스페이스 니들(Space Needle)을 재건축할 수 있는 재료가 절감된다.

헬멧

언젠가는 재사용하고 재활용할 수 있는 재료로 만든 헬멧을 찾아보라. 그런 헬멧을 사용하면 생물 분해성이 없는 쓰레기 양을 줄일 수 있을 것이다. 자전거를 타는 미국 아이 20명 중 한 명이 재활용 가능한 소재로 제작된 헬멧을 사용한다면, 79톤이 넘는 자전거용 헬멧이 매년 쓰레기 매립지에 버려지지 않을 것이다. 이런 재료로 엄청나게 큰 헬멧을 만든다면 그 헬멧은 브리스틀 자동차 경기장의 트랙 안쪽과 반 마일 경주 트랙을 다 덮을 수 있을 것이다.

파도타기 널

폴리스티렌 폼과 같은 재활용 가능한 재료에 에폭시 수지를 씌운 서핑 보드를 구매하면 다른 소재로 되어 있고 폴리에스테르와 섬유 유리로 덮여 있는 서핑 보드보다는 쓰레기를 줄이는 데 도움이 된다. 에폭시 보드는 좀 더 가벼울 뿐만 아니라 5배나 오래 사용할 수 있다. 전 세계 서퍼 50명 중 한 사람이라도 다음에 재활용 가능한 폴리스티렌 보드를 구매한다면, 쓰레기 매립지로 가지 않은 서핑 보드는 길게 이어붙여 놓았을 때 하와이 와이메아 만에서 캘리포니아 오션 비치까지의 거리에 해당하는 3860킬로미터보다 길 것이다.

테니스 라켓

나일론이나 폴리에스테르같이 재생할 수 없는 섬유 끈을 맨 라켓 대신에 자연 섬유 끈을 맨 라켓을 선택하라. 매년 판매된 모든 새 테니스 라켓 중 20퍼센트 라켓에 합성 끈 대신에 천연 끈이 쓰였다면, 휘발유 8만 5천 리터 이상에 상응하는 에너지를 절감할 수 있을 것이고, 연간 11.3톤의 합성수지가 사용되지 않을 것이다. 이는 80만 개의 테니스 라켓 줄에 해당하는 양이다.

요가 매트

석유에서 뽑아낸 플라스틱이나 다른 합성수지로 만든 요가 매트 대신에 면, 황마나 천연 고무 같은 식물성 재료로 생산된 요가 매트를 구입하라. 특히 환경에 유해한 PVC를 함유한 요가 매트를 피하라. 미국에 있는 모든 요가 팬이 PVC 플라스틱 소재로 된 요가 매트 대신에 자연 소재로 만든 요가 매트를 구매한다면, PVC 소재 매트 생산이 중단되어 결국 2만 천 톤의 PVC 플라스틱이 쓰레기 매립지에 쌓이지 않을 것이다. 이 매트들을 평평하게 쌓으면 그 높이는 에베레스트 산의 7배보다 높을 것이다.

물병

물병에 물을 다시 채워 사용하라. 스포츠 팬 세 명 중 두 사람이 새 물병을 구입하는 대신 물병을 다시 채워 사용한다면, 미국에 거주하는 사람들 수만큼 많은 플라스틱 병을 절약했을 것이다.

야구/소프트볼

야구와 소프트볼 경기 일정을 짤 때 낮 시간 경기로 잡으면 에너지를 절감할 수 있다. 경기장 한 곳에서 열리는 야간 경기를 조명하는 데 연간 평균 7만 2천 킬로와트시가 소비된다. 이는 한 집이 60년 동안 불을 밝힐 수 있는 전력량에 해당한다. 미국에서는 3300만 명 이상의 청소년과 성인들이 야구 팀과 소프트볼 팀에 소속되어 있다. 이들 중 10퍼센트가 저녁 경기 한 번을 낮 경기 한 번으로 조정한다면, 1100만 대의 텔레비전에 메이저리그 올스타 게임을 방영할 수 있는 에너지가 절약된다.

농구

낮에는 픽업 게임을 야외에서 즐겨라. 실내 코트가 훼손되지 않을 뿐 아니라 에너지를 절약할 것이다. 체육관의 조명 시설은 매년 6만 킬로와트시 이상의 에너지를 소비할 수 있다. 그중 상당량이 낮에 불필요하게 소비된다. 기회가 있다면 재활용된 운동화 밑창으로 시공된 농구 코트 100여 곳 중 한 곳을 찾아보라. 시카고, 워싱턴 D. C., 애틀랜타, 마이애미, 샌프란시스코, 로스앤젤레스를 포함해 대부분의 주요 도시들 곳곳에 있다. 이런 코트에 사용된 운동화 수는 매년 뉴욕 마라톤 대회 참가자 수의 3배에 이른다.

사이클링

 낡은 자전거 타이어를 버리는 대신에 재활용해보라. 고무 900그램 정도가 쓰레기 매립지에 묻히지 않을 것이고, 새 핸드백이나 등산화 혹은 자전거 도로를 만드는 데 필요한 재료를 공급할 수 있을 것이다. 미국의 자전거 이용자 14명 중 한 명이 매년 자신의 자전거 타이어를 재활용한다면, 매년 프랑스에서 개최되는 자전거 투어의 현재 코스를 포장할 수 있는 고무가 절감될 것이다.

미식축구와 축구

 천연 잔디와 인조 잔디 중에서 선택할 수 있다면 천연 잔디 구장을 선택해 경기를 하라. 천연 잔디는 재생 가능하고, 깎아낸 잔디는 퇴비로 사용할 수 있다. 잔디는 산소를 생산하고, 대기 오염 물질을 제거하며, 빗물을 정화하고, 지하수의 재충전을 촉진하며, 지표면의 온도를 낮춘다. 인조 잔디는 생산하는 데 에너지가 많이 소비되고 합성 소재를 사용하는데, 그런 소재들 중 일부는 재활용되지만 어떤 소재는 재활용할 수 없다. 천연 잔디 구장보다 유지비가 덜 드는 인조 구장도 더러 있지만 평균 수명이 10년에 불과하다. 수명을 다한 인조 잔디는 떼어내어 쓰레기 매립지로 이송한다.

골프

 물 소비를 줄이고, 화학물질을 줄이고, 자연 경관을 보존하며, 야생 동식물 서식지를 보호하는 데 전념하는 골프장이 미국에만 수백 곳에 이른다. 이중 한 곳을 방문해보라. 물 사용을 개선하는 것만으로도 해마다 평균 물 720만 리터를 절약할 수 있다. 미국 전역에 있는 만 6천 곳의 골프장 중 1퍼센트가 추가적으로 수자원 보호 계획을 수용한다면, 연간 절약한 물로 오거스타 국립 골프 클럽 규모의 습지대를 회복시킬 수 있을 것이다.

아이스하키

에너지 비용이 가장 적게 드는 저녁 시간대로 실내 경기장 이용 시간을 조정해보라. 근무 시간 후에 아이스 링크를 빌린다면, 경기장 설비 시설로 얼음 온도를 1도 올릴 수 있는지 확인해보라. 얼음은 여전히 결빙 상태일 테지만 냉각 시스템에 필요한 에너지는 줄어들 것이므로 에너지를 아낄 수 있을 것이다. 사실상 밤에 결빙 온도를 1도 상승시키는 것만으로 매년 아이스 링크에서 소비되는 약 2만 천 킬로와트시의 에너지를 절약할 수 있다. 냉장고를 사용 연한 이상으로 가동했을 때 소비된 에너지의 총량과 비슷하다. 미국과 캐나다의 모든 아이스 링크가 이러한 에너지 관리 기준을 채택한다면, 유리 방호벽 뒤에 설치된 좌석용 전미 아이스하키 리그 정기권을 4천 장 가까이 구입할 수 있는 돈이 절약될 것이다.

스키 타기와 스노보드 타기

스키와 스노보드를 탈 때 안정적인 스키 슬로프나 코스를 이용하고 생태학적으로 민감한 지역에서 모험을 감행하는 일은 피하라. 그러면 현재의 자연 경관과 야생 동식물 서식지를 보호할 뿐 아니라 그 지역이 침식되는 것을 방지하는 데 도움이 될 것이다. 1290만 명에 이르는 스키 및 스노보드 인구가 모두 이런 지침을 따른다면, 매년 발생하는 3만 건 이상의 부상을 예방할 수도 있을 것이다.

서핑

해변에 더 멋지게 이르고자 경합을 벌일 때, 차는 언제나 포장된 도로나 정해진 통로에 주차해두라. 결코 모래 언덕을 가로질러 차를 몰아서는 안 된다. 그렇게 하면 휘발유를 절약하고, 해안가의 야생 동식물 서식지를 보호하며, 해안 침식을 막고, 멋지게 파도타기를 할 수 있을 것이다. 400만 명에 이르는 미국 서퍼들이 어깨를 맞대고 선다면, 2160킬로미터에 이르는 캘리포니아 해안선 전체를 선으로 이을 수 있을 것이다. 그러니 몰려드는 인파를 피하고 해안에 쉽게 접근하려면 서핑 시간대를 다양화해야 한다.

테니스

에너지 소비가 큰 야간 조명에 드는 수요를 막으려면 낮 시간에 야외에서 테니스 경기를 하라. 테니스 코트 한 곳을 조명하는 데 매년 4700킬로와트시 이상이 든다. 약 6개월 동안 보통 가정에서 사용하는 전력량보다 많은 에너지이다.

❝ 나는 늘 건강에 대해 의식하며 산다. 프로 선수로서 그렇게 해야만 했다. 건강하다는 것은 바르게 먹고, 운동을 하는 상태를 의미하는데, 보통은 그저 몸매를 보기 좋게 해주는 일을 하는 것을 뜻하기도 한다. 하지만 그것은 지구에 유익한 일이 될 수도 있다. 건강에 더 좋은 음식에는 살충제와 화학물질이 덜 들어 있다. 그런 살충제나 화학물질은 생산될 때 많은 독소가 쓰레기로 나온다. 과일과 채소의 경우, 유기농 식품을 선택하는 것만으로도 살충제에 덜 노출될 것이다. 운동 역시 지구에 유익한 일이다. 달리기, 자전거 타기, 수영, 역기 들기 등 어떤 종목이든 운동을 오래할수록, 자동차나 텔레비전같이 에너지를 소비하는 제품을 사용하는 시간은 더 짧아질 것이다. 자기 몸을 건강하게 만드는 일을 하면 지구를 건강한 모습으로 지킬 수 있다. ❞

티키 바버
전 미식축구 선수. 스포츠 방송 해설자.

돈과 금융

Money and Finance

세계를 움직이는 돈과
세계를 더럽히는 종이 쓰레기

전반적인 상황

은행에 방문하는 일은 결과적으로 지구 곳곳을 더럽히는 쓰레기의 주요 원천이 된다. 현금 자동 인출기에서 나온 영수증은 껌 포장지만큼이나 많이 버려진다. 미국에 설치된 80억 대의 현금 자동 인출기에서 매년 현금 6천억 달러가 인출된다. 세계를 움직이는 엄청난 돈이다. 불행하게도 거기서 나오는 종이 쓰레기를 견뎌야만 하는 지구는 인출되는 금액 전부에 대해 대가를 치르는 중이다.

종이 수표도 여전히 사용되고 있는데 한 해에 약 370억 달러에 이른다. 종이 수표 쓰레기는 은행 업무에서 나오는 종이 쓰레기보다 더 많다. 사람들은 대금을 지불할 때, 주로 신용카드 대금을 지불할 때 수표를 사용한다. 미국의 가정은 평균 4장의 신용카드를 소지하고 있다. 즉 약 4억 장의 조그마한 플라스틱 카드가 이 나라에서 유통되고 있다는 뜻이다. 이 카드들을 모두 늘어놓으면 3만 3800킬로미터보다 길게 이어질 것이다.

하지만 플라스틱 쓰레기는 문제가 될 만큼 많지는 않다. 매달 이 카드 청구서가 우편으로 배달된다. 청구서가 한 장뿐일 때도 있다. 그러나 12월같이 지출이 많은 철에는 몇 페이지가 될 수도 있다. 종이 생산비가 막대하다. 그렇지만 재정과 관련된 우편물 중 대금 청구서가 유일하게 고통을 주는 것은 아니다. 세금도 마찬가지다. 적자로 허덕이고 있어 기분이 울적할 때는 다음과 같은 사실을 생각해보라. 제너럴 일렉트릭(미국의 전기기기 제조회사)의 연간 납세 신고서는 거의 2만 5천 페이지에 달한다. 심지어 미국의 모든 납세자가 단 두 장짜리 1040 EZ 양식으로 신고서를 작성한다 해도, 그 양은 총 2억 7천만 페이지에 이를 것이다.

하지만 소유자가 바뀌는 돈의 액수에 비하면 그 모든 종이 쓰레기도 미미해 보인다. 매일 약 190억 주에 달하는 주식이 세계 도처에서 매매되고 있다. 투자액 모두가 선의의 목적에 쓰였다고, 예를 들어 지구를 보호하는 일에 관심이 있는 기업들로 흘러들어갔다고 상상해보라. 사회적 책임감이 막중한 기업들에 투자하고자 그 주식을 20조 달러어치 매입하는 것으로 투자자들은 친환경적인 발언을 할 수 있다.

이 모두를 염두에 두고 우리는 '손쉬운 행동들'을 고안해냈다. 전반적인 상황과 관련된 모든 중요한 사항들을 고려해볼 때, 다음과 같은 행동들을 실천하면 최소한의 노력으로 최대한 긍정적인 효과를 거둘 수 있다.

1 현금 자동 인출기에서 영수증을 출력하지 말라. 현금 자동 인출기 영수증은 지구를 어지럽히는 쓰레기 중에서도 제일가는 쓰레기 중 하나이다. 미국의 모든 사람이 현금 자동 인출기에서 영수증을 출력하지 않는다면, 61만 킬로미터보다 긴 두루마리 종이를 절약했을 것이고, 이는 지구의 적도를 15바퀴 감을 수 있는 양이다.

2 봉급을 자동 이체해달라고 요청하라. 더 빠르게 봉급을 받을 수 있을 뿐만 아니라 은행에 가는 데 소비되는 자동차 연료와 시간을 절약할 것이다. 연간 70억 장 이상의 수표가 발행된다. 모두 자동 이체로 전환될 수 있다. 자동 이체 자격을 지닌 모든 이들이 자동 이체를 선택한다면, 연료비와 시간 손실에 대한 비용 650억 달러를 절약할 수 있을 것이다. 그리고 이 세상 모든 사람들 수에 이르는 종이 수표도 절약될 것이다.

3 종이가 필요 없는 온라인 청구서를 받아보라. 매달 우편으로 청구서를 받는 일을 취소한 사람에게 1달러를 주거나 대신 돈을 기부해주는 은행들이 있다. 모든 가정이 온라인 청구서를 이용한다면, 최근에 고등학교를 졸업한 만 7천 명 이상의 학생을 1년간 공립 대학교에 보낼 수 있는 금액이 절약된다.

작은 실천들

투자 상담사

사회적인 의식을 지닌 사람을 찾아보라. 이 나라에는 약 60만 명의 증권 중개인이 있지만 환경을 의식하고 투자하고 있는 사람은 천 명에서 2천 명 사이에 불과하다. 한 사람을 선택해, 더 친환경적으로 생각하도록 권장하라.

중개 업무 보고서

서면 보고를 없애라. 미국의 모든 투자자들이 서면 형식이 아닌 중개 업무 보고서를 받는다면 뉴욕 증권거래소의 바닥에서 천장까지 가득 채울 만큼 종이를 절약할 것이다.

수표

종이 수표 대신에 전자 수표를 사용하라. 시간을 절약할 수 있고 어쩌면 뒤늦게 있을 수 있는 불이익을 피할 수 있을지 모른다. 종이 수표를 사용하는 모든 사람들이 대신에 전자 결제를 한다면, 종이 비용만도 약 40억 달러를 절약할 수 있다. 미국에 살고 있는 모든 아이들이 유년기의 심각한 질병에 대비하여 권장되는 백신을 모두 접종 받을 수 있는 돈이 절약되는 것이다.

전자 결제

대금을 전자 결제 방식으로 결제해보라. 모든 가정이 신용카드 대금을 전자 결제로 지불한다면, 한 해에 우편 요금을 20억 달러가량 절약할 수 있을 것이다. 25만 명의 평균 신용카드 채무를 변제할 수 있는 금액 이상이 절약되는 것이다.

전자 세금 환급

우편으로 배달되는 수표를 기다리는 대신에 국세청(IRS)으로부터 전자 결제 방식으로 환급금을 받아보라. 약 1350억 달러의 세금 환급금은 여전히 개인들에게 우편으로 배달된다. 국세청에서 약 5400만 통의 우편물을 봉투에 넣고, 인쇄하고, 우편으로 부쳐야 한다는 의미이다.

온라인 뱅킹

온라인으로 청구서를 받고, 대금을 지급하고, 잔액을 확인하라. 미국 가정 중 절반에 못 미치는 가정이 집에서 온라인 뱅킹을 활용하고 있다. 나머지 절반이 넘는 가정들은 운전을 하고 은행원 앞에서 줄을 서서 기다리느라 시간과 에너지를 낭비하고 있다.

컴퓨터에 의한 회계 장부 정리

대금을 맞춰볼 때 종이로 된 금전출납부보다는 컴퓨터 소프트웨어를 이용해보라. 미국의 모든 가정이 기록을 보관하기 위하여 손으로 직접 기입하는 원부 대신 컴퓨터 프로그램을 활용한 회계 방식을 사용한다면, 미국 재무부, 연방준비은행, 모든 은행들이 사용하고 있는 사무실 공간을 다 가릴 만큼 큰 수표 한 장을 절약할 수 있을 것이다.

사업 내용 설명서

책자 형태보다는 온라인으로 제공되는 투자 설명서를 읽도록 하자. 아마도 그런 책자를 투자한 투자신탁회사로부터 한 권 받게 될지도 모른다. 처음부터 끝까지 손으로 넘겨서 읽는 것보다는 중요한 정보를 온라인으로 살펴보는 편이 더 수월할 것이다. 모든 투자자가 이렇게 한다면, 인쇄비 10억 달러가 절감될 것이며, 이는 〈포브스〉가 선정한 세계에서 가장 부유한 사람들 400명의 목록에서 374위에 오르기에 충분한 금액이다. 게다가 수백만 페이지에 달하는 종이를 절감할 것이다.

위임장 권유 신고서

위임장 권유 신고서의 온라인 교부를 요구하라. 주주들이 회사법을 변경하려고 할 때 그들과 함께 투표에 참여할 다른 주주들을 확보하기 위하여 위임장 권유 신고서를 발행한다. 때로는 더 친환경적인 기업이 되도록 압력을 행사하기 위해 그러기도 한다. 아무튼 온라인으로 투표하는 것이 더 쉽다. 또 한 해에 인쇄비 6억 달러가 절감된다. 이는 엔론(2001년 파산 신청을 한 미국의 에너지 회사)이 부풀려 발표한 수입과 맞먹는다.

사회적 책임을 다하는 투자

더 친환경적인 주식과 제품을 구입해보라. 총 8천 개의 투자신탁회사 가운데 사회적이고 친환경적인 의식을 갖춘 곳이 200곳이 넘는다.

주식 증권

주식 증권의 소유자로 당신의 이름 대신에 당신의 주식을 중개하는 회사 이름을 기재해달라고 요구하라. (한 회사의 주식을 사면 주식 증권에 대한 소유권이 주식을 산 사람에게 부여된다.) 증권 중개 회사가 주식 증권을 보유하고 있으면 대개는 실용성 없는 이 종이 증서를 당신에게 보내는 데 드는 비용이 절감될 것이다.

세금 양식

세금 양식을 온라인으로 구하라. 더 간편할 뿐 아니라 더 빠르게 서식을 채울 수 있다. 7200만 건 이상의 납세 신고서가 온라인으로 제출되었는데, 200만 건은 가정의 컴퓨터로 처리되었다. 모든 납세 신고서가 온라인으로 처리된다면 적어도 6억 6천만 장의 종이가 절약될 것이다. 키가 183센티미터인 국세청 직원 3만 6천 명의 키를 다 합한 것보다 더 높이 쌓을 수 있는 종이가 절약되는 것이다.

주식 거래 확인서

거래 확인서를 요구하지 말라. 주식을 매입하거나 매각할 때 매매 확인서가 당신에게 발송될 수 있다. 그 대신에 이메일로 확인서를 받자. 매일 증권 거래소에서는 20억 주의 증권이 거래된다. 우리가 증권 거래를 확인하는 과정에서 소비되는 종이를 생산하는 비용을 절약해 그 돈을 다른 용도로 쓰지 않는다면, 하루 만에 전 세계 곳곳에서 빈곤에 처한 사람들의 수를 절반으로 줄일 수 있을 것이다.

인출과 예금

전표를 이용하지 말라. 은행원한테서 현금을 받기보다는 현금 자동 인출기에서 돈을 찾아라. 현금 자동 인출기로 거래하는 데 드는 비용은 36센트인 반면에 출납계원을 통해 거래를 하면 1달러 이상이 들 뿐 아니라 더 많은 종이가 사용된다. 미국의 모든 은행 창구 직원이 시간당 예금 전표 한 장을 덜 취급한다면, 매일 최소한 400만 장의 종이가 절약될 것이다.

❝ 나는 몇 년 전부터 도요다의 하이브리드 차인 프리우스를 운전하기 시작했는데, 그 사실에 대해 내가 조금은 방어적이라는 것을 깨닫고는 놀랐다. 나는 사람들에게 거의 부정적으로 이렇게 말했다. '환경과 관련된 일들은 다 제쳐놓고 말하자면, 그 차는 실제로 운전하기에 꽤 멋진 차야.' 내 태도는 거의 변명하는 것처럼 보였다. 내가 어떤 그룹이나 운동과 같은 태도를 취하고 싶지 않았던 것이다. 마찬가지로 이렇게도 말했다. '이봐, 하이브리드 차를 운전한다고 해서 내가 에드 비글리 주니어로 변하는 건 아니야.'

하지만 마리화나가 마약 중독으로 가는 첫 관문이라고들 하지 않는가? 프리우스를 구입한 것이 내게 바로 그랬다.…… 환경에 대해 민감해졌다는 말이다. 상당히 오래전부터 그런 차를 운전하면 내가 설교하기 좋아하는 자선가같이 되지 않을까 하는 생각을 더는 하지 않게 되었고, 그리고 실제로 '친환경적으로 나가기' 위한 다른 방도를 모색하기 시작한 것이다.

유기농 식품 구입은 손쉬운 방법 중 하나다. 나는 항상 건강하게 먹어야 한다는 생각이 맘에 들었지만, 그렇게 먹는 법이 별로 없었다. 하지만 지금은 그렇게 하고 있고, 그렇게 하니 기분이 훨씬 더 좋다. 나는 실제로는 종이 타월이 아닌 종이 타월을 사용해(종이 타월이라고는 하지만 재활용된 것이다), 오래된 물건들과 마찬가지로 완벽하게 깨끗하게 할 수는 없는 물건들을 깨끗이 닦기 시작했다. 그렇지만 그런 물건들은 기묘하고 좀 유독한 냄새를 집에 남기지도 않는다. 또 나는 집에 태양열 집열판을 설치하면 아주 오래도록 돈이 들지 않는다는 것을 읽어서 알고 있다. 그래서 태양열 집열판을 내 집에 설치했다.

심지어 나는 내 차의 탄소 발자국(carbon footprint)에 대해 우려하기 시작했다. 초심자들은 말할 것이다. 탄소 발자국이 뭐야? 그리고 일전에 이런 생각이 떠올랐다. '제기랄, 내가 에드 비글리 주니어잖아!' 아니면 그렇게 되고 싶었거나…… 왜냐하면 나는 지구와 자연을 사랑하고, 노을이 질 때 해변을 산책하는 것을 너무도 좋아하기 때문이다. 그리고 〈플레이보이〉지 약력에 미스 2월이 자기를 흥분시키는 것들을 적어놓은 것 같은 그런 것들이 나를 건강하게 해준다면, 그러할지어다. **"**

오언 윌슨
배우, 시나리오 작가. 〈말리와 나〉, 〈스타스키와 허치〉 등에 출연했다.

건축물

Building

우리가 건물을 친환경적으로 짓는다면
그들이 올 것이다.

전반적인 상황

매년 미국에서는 새 주택이 100만 채가량 건축된다. 땅을 파헤치고 망치를 두드리는 일은 말할 것도 없고, 무시무시하리만치 많은 목재와 금속, 콘크리트가 사용되고 있다. 사실상 새 주택을 짓는 데 사용하는 토지와 목재로 인한 영향만 해도 인간이 야생 동식물과 자연 생태계에 미치는 모든 영향력의 4분의 1에 해당한다. 강철 빔, 시멘트 토대, 타일, 카펫, 치장 회반죽, 창문과 단열재가 여기에 더해졌을 때 그 파급 효과는 얼마나 크겠는가. 수질 오염의 6퍼센트는 새 주택을 짓는 데 필요한 건축자재를 생산하는 과정에서 일어나며, 소비되는 에너지 규모는 엄청나다. 주택 건축에 소비된 에너지 양은 완공된 그 집에서 10년간 거주할 때 사용하게 될 에너지 양과 맞먹는다.

문제는 건설되는 주택의 수만이 아니다. 주택이 점점 커져간다는 점 또한 문제이다. 미국에서 건축된 새 주택의 평균 크기는 1970년에는 140평방미터였는데 오늘날에는 214평방미터로 커졌다. 가족 구성원

수가 평균 3명 이상에서 2명 이상으로 감소되고 있는데 말이다. 미국 주택의 평균 면적은 유럽이나 일본의 전형적인 주택 면적의 두 배이고 아프리카의 평균적인 주거 공간보다 26배나 크다.

여분의 공간은 어떤 용도로 사용되는가? 예를 들면, 놀이방, 미디어룸, 작업실, 거실, 세탁실, 서재, 일광욕실, 넓은 주방, 대형 욕실, 화장실 등을 들 수 있다. 공간의 사용 목적과 상관없이, 실내 온도를 안락하게 유지하고, 조명을 환히 밝히고, 전자 기계 장치들을 가동시키고, 가정용 기기들이 계속 돌아가게 하는 데 에너지가 소비된다. 연간 사용 요금을 다 합하면 1500달러에 이른다. 하지만 계속 그런 식으로 나아가서는 안 된다.

새로 건축된 주택의 80퍼센트는 에너지 효율이 낮다. 에너지 효율을 높여 건축하는 것이 그리 어렵지 않음에도 말이다.

물을 더 효율적으로 이용할 수 있게 건축할 수도 있다. 일반적인 가정에서는 해마다 더운물이 수도꼭지로 나올 때까지 물을 약 3만 300리터 낭비한다. 잔디밭에 물을 주는 데는 어림잡아 300억 리터의 물이 사용된다. 6개들이 맥주 140억 상자를 채울 수 있는 양이다. 여름철에 보통의 잔디밭에 약 3만 8천 리터의 물을 준다!

해와 바람을 등지고 있는 주택은 결과적으로 난방비가 25퍼센트 추가될 수 있다. 에너지 손실은 다른 식으로도 일어난다. 해마다 미국에서 창문을 통해서 손실되는 에너지량은 알래스카의 송유관에서 산출되는 연간 에너지량과 맞먹는다.

이 모두를 염두에 두고 우리는 '손쉬운 행동들'을 고안해냈다. 전반적인 상황과 관련된 모든 중요한 사항들을 고려해볼 때, 다음과 같은 행동들을 실천하면 최소한의 노력으로 최대한 긍정적인 효과를 거둘 수 있다.

손쉬운 행동들

1 에너지 스타 인증 마크가 붙은 가정용 기기와 전자 제품을 구입하라. 에너지 스타 인증 마크가 붙은 제품을 사용하는 가정은 에너지를 더 효율적으로 소비할 수 있고 1년에 에너지 비용으로 600달러를 절약할 수 있다. 2005년에만 에너지 스타 인증 마크로 인해 미국인들은 2300만 대의 차에서 배출되는 배기가스량만큼 온실 가스 배출을 줄이고, 3개월 내내 이베이에서 판매된 모든 상품을 구입할 수 있는 금액만큼의 에너지 비용을 절약했다.

2 수압이 낮은 배관을 설비하라. 물을 효율적으로 사용할 수 있는 수도 배관 설비가 이용된다면, 보통의 3인 가족이 연간 약 20만 리터의 물을 아낄 수 있고 수도 요금을 60달러가량 줄일 수 있다. 미국의 모든 가정이 수압이 낮은 수도 설비를 이용한다면 60억 달러를 절약했을 것이다. 지구에 살고 있는 모든 사람이 물 한 병을 구입하기에 충분한 금액이다.

3 에어컨 대신에 천장에 설치하는 선풍기를 사용하라. 천장에 설치된 선풍기가 계속 돌아가는 데는 시간당 1센트가 들지만 에어컨을 가동시키는 데는 시간당 16센트, 중앙 냉난방 설비를 가동시키는 데는 43센트가 든다. 천장에 달린 선풍기가 작동함에도 불구하고 미국의 가정 중 75퍼센트 이상이 냉난방 장치를 사용하고 있다. 시간당 1200만 달러를 그런 식으로 낭비하고 있는 것이다.

작은 실천들

흡습재

물이 땅속으로 스며들 수 있도록 안뜰이나 오솔길, 산책로에 자갈, 나무 부스러기, 견과류 껍질이나 다른 폐품을 깔아보라. 살고 있는 지역의 기후에 따라, 소유지로부터 연간 수천 리터의 빗물이 흘러가버리는 것을 막을 수 있고 특정한 유형의 수질 오염을 막을 수 있다.

접착제

때로 마루나 가구류에 사용된 접착제가 그 접착제로 붙인 마루나 가구의 재료들보다 더 위험한 화학물질들을 함유하고 있다. 그러니 가능하다면 접착제를 사용하지 않는 설비 기술을 이용하는 것이 가장 바람직하다. 일을 하는 데 접착제가 필요하다면 수성 내지는 식물성 제품을 선택해보라. 그렇게 하면 유해 물질 배출량이 석유에서 추출한 용매가 든 접착제들과 비교해서 99퍼센트 이상 줄어들 것이다.

공기 조절 장치

에너지 스타 인증 마크가 부착된 공기 조절 장치를 구입하라. 보통의 주택 소유자는 공기 조절 장치를 사용하는 데 해마다 220달러 넘게 돈을 쓴다. 에너지 스타 라벨이 붙어 있는 공기 조절 장치는 보통 장치들보다 20~40퍼센트 에너지를 적게 소비할 것이다. 새 주택들이 모두 에너지 스타 인증 마크가 부착된 공기 조절 장치를 갖추고 있다면, 두 전직 대통령 부시와 클린턴이 모금한 허리케인 카트리나 구제 기금 액수와 맞먹는 1억 달러 정도를 절약할 수 있을 것이다.

욕실 세면대

표면이 단단한 플라스틱 욕실 세면대를 구입하려 한다면, 100퍼센트 재활용 소재로 생산된 세면대를 고려해보라. 약 18킬로그램의 플라스틱이 매립되지 않을 것이다. 금년에 개조된 욕실 10곳당 1곳에 재활용된 플라스틱 세면대가 설치되었다면, 9천 톤 이상의 플라스틱이 쓰레기로 처분되지 않을 것이다. 그 양은 플라스틱 변좌 약 400만 개의 무게와 맞먹는다.

카펫

합성 섬유로 된 카펫 대신에 플라스틱 병 같은 재활용된 재료로 생산된 카펫을 선택하면 생산 과정에서 소비되는 에너지를 절약할 수 있고, 유독성 물질 배출량이 줄며, 재활용 순환 고리를 완성시킬 수 있다. 재활용한 소재로 된 카펫으로 140평방미터에 달하는 카펫을 다시 깐다면, 2리터들이 병 8천 개 이상이 쓰레기 매립지에 쌓이지 않을 것이다. 바닥에 새로 깐 카펫의 단 13퍼센트가 재활용한 소재 카펫이라도, 2리터들이 병 120억 개 정도가 절감될 것이다. 그 병들을 나란히 세우면 보스턴 시를 다 덮을 수 있을 것이다.

냉난방 장치

냉난방 장치에 프로그램을 설정할 수 있는 자동 온도 조절기를 설치하라. 그렇게 하면 에너지 비용을 해마다 약 100달러 절약할 수 있다. 10가구 중 한 가구가 이렇게 했다면, 770만 톤의 온실 가스가 배출되지 않을 것이다. 미국에서 사육되는 모든 소들이 매일 트림을 할 때 나오는 가스와 맞먹는 양이다! 소들은 메탄가스와 온실 가스를 내뿜는다.

단열 주택

공기와 습기가 드나들 수 있는 틈새나 구멍을 봉하고 외풍을 줄일 수 있는 재료로 건축하면 집을 두르고 있는 단열재의 기능을 향상시킬 수 있다. 이렇게 하면 냉난방 비용을 매년 180달러, 약 2250킬로와트시 줄일 수 있다. 새 집들이 단열이 잘 되게 건축됐다면, 에너지 절감 효과는 미국에서 우편물을 배달하는 21만 대의 우편 차량의 연료 효율을 두 배 이상 늘리는 것과 같을 것이다.

건식 벽체

10퍼센트 이상 소비 후 재료를 함유하고 있으며, 적어도 75퍼센트는 재활용 소재로 된 건식 벽체를 찾아보라. 천연 석고 대신에 비산회나 합성 석고로 생산된 건식 벽체를 고려해볼 수도 있다. 이런 소재들을 사용하면 에너지를 절감하고, 쓰레기를 줄이며, 석고를 채굴하면서 동식물의 서식지를 파괴하는 일이 줄어들 것이다. 해마다 미국의 건설 현장에서 사용되는 모든 건식 벽체의 1퍼센트만이라도 적어도 75퍼센트 재활용된 소재로 생산된다면, 중국의 만리장성만큼 긴, 거의 3.3미터 높이의 건식 벽을 만들 수 있는 재료가 절감될 것이다.

절수형 변기

절수형 변기를 구입해 물을 절약하라. 이런 변기는 두 가지 방식으로 물을 흘려보낸다. 1단은 물을 3리터 사용하고, 2단은 더 많은 배설물을 처리하기 위하여 물을 6리터 사용한다. 이 변기는 기존의 변기와 비교해서 67퍼센트까지 물 사용을 줄일 수 있다. 물 내림 방식이 한 가지인 변기는 물을 11리터가량 사용한다. 모든 가정에 절수형 변기가 있다면, 모든 가정이 물을 한 번 내릴 때 절약되는 물을 다 합하면 야구 전 시즌에 걸쳐서 야구장 화장실에서 흘려보내는 물의 양과 같을 것이다.

침식/퇴적

주택을 건축하려 한다면 침식을 예방할 수 있도록 벌목 범위를 한정하라. 침식은 미국의 강, 호수와 지류를 오염시키는 주된 원인이다. 주택의 오수와 넘쳐흐르는 빗물은 유해한 화학 성분을 포함하고 있기 때문이다.

직물

소파, 커튼, 의자 등에는 재활용한 섬유를 선택하라. 매년 미국에서 생산되는 폴리에스테르 섬유의 절반이 재활용 소재로 생산된다면, 뉴욕 주 전체를 충분히 덮을 수 있을 것이다.

마감재

휘발성 유기 화합물이 적게 든, 혹은 전혀 들어 있지 않은 니스나 착색제, 마감재를 구입하면 유독성 물질, 대기를 오염시키는 화학물질, 석유 용매를 줄일 수 있다. 휘발성 유기 화합물은 스모그 현상의 주범이며, 휘발성 유기 화합물 함유량이 낮은 도장제 몇 리터를 선택하면 일 년 내내 당신의 차를 몰지 않았을 경우에 줄일 수 있는 양만큼의 휘발성 유기 화합물이 절감될 것이다. 매년 바닥에 깐 모든 나무 마루의 절반이 휘발성 유기 화합물 함량이 낮은 제품으로 도장되었다면, 그 결과는 거의 20만 대의 차량에서 연간 배출되는 휘발성 유기 화합물을 제거하는 것과 같을 것이다.

가구

최상의 선택은 중고 가구나 중고를 새로이 손질한 가구 또는 고가구를 구입하는 것이다. 새 가구를 구입하는 것보다 돈이 덜 들 뿐만 아니라 제작 과정에서 소비되는 에너지와 재료를 보존할 것이며, 오래되어 값어치가 나가는 가구들이 쓰레기 매립지에 버려지는 일을 막을 수 있다. 미국 전역에서 중고 가구에 대한 수요가 늘면, 매년 쓰레기 매립지로 버려지는 가구를 770만 톤 이상 줄일 수 있을 것이다. 마음에 드는 중고 가구를 발견할 수 없다면, 환경에 무해하게 생산된 재료, 예를 들어 국제 산림관리협의회(Forest Stewardship Council)가 인증한 목재나 농원에서 자란 재목으로 제작된 가구를 구입해보라. 티크, 마호가니, 자단, 솔송나무 같은 활엽수로 제작된 가구는 피하라. 이런 수종들을 벌채하는 일은 열대 산림 벌채에 상당한 부분을 차지하고 있으며, 연간 미국의 앨라배마 주보다 넓은 면적의 열대 우림이 훼손되는 원인이 된다.

차고

주택과 분리된 차고를 짓거나 차고를 확실히 차단해 주택의 나머지 공간들로부터 분리하라. 그러면 공기의 질이 개선될 것이다. 실내 공기가 오염되면 거주자는 병들고 만다. 공기 청정도의 문제로 인해 해마다 미국 기업들은 1억 5천만 노동일만큼의 손해를 입고 있고, 생산성 손실액은 약 150억 달러에 이른다.

유리 타일

주방 조리대, 물 튀김 방지판이나 바닥 재료로 세라믹 타일 대신에 100퍼센트 재활용한 유리 타일을 이용하라. 9평방미터 면적에 일반적으로 사용되는 세라믹 타일 대신 재활용한 유리 타일을 사용하면, 생산 공정에서 소비되는 135킬로와트시의 에너지가 보존될 것이다. 이는 냉장고 한 대가 매달 소비하는 에너지와 맞먹는 양이다. 매년 구매된 타일의 15퍼센트가 세라믹 소재 대신에 재활용한 유리로 생산된 타일이었다면, 심각한 공해를 불러일으키는 화력 발전소 5개소를 폐쇄하는 것을 고려해볼 수 있을 만큼 많은 에너지가 절감될 것이다.

녹지대와 기존의 건축용 부지

'새' 토지(greenfields)에 새 주택이나 사업장 건물을 짓는 대신에 이미 기반 시설이 마련된 곳(brownfields)에 있는 부지에 건물을 짓는 것을 고려해보라. 도시의 무질서한 팽창 현상을 막을 수 있다. 즉 강의 유역, 자연 경관, 어류와 야생 생물의 서식지를 보호할 수 있다. 게다가 세금 공제 자격을 얻을 수 있을지도 모른다. 녹지대에서 이루어지는 새로운 개발이 모두 기존의 기반 시설이 갖춰진 곳에서 이루어진다면, 80억 평방미터 이상의 공간이 연간 보호될 수 있을 것이다.

활엽수로 만든 마루

흔히 하듯이 벌목한 활엽수로 된 마루 대신에 매력적이고, 값이 적당하며, 친환경적인 재료인 대나무 마루를 깔아보라. 당신의 조부모보다 나이가 더 많은 처녀림의 나무 세 그루를 보호할 수 있을 것이다. 대나무는 7년도 채 안 돼서 다시 자라나므로 지속적으로 벌목할 수 있다. 거의 9300만 평방미터에 달하는 금년에 구매된 활엽수 마루 전부가 대나무 마루로 대체된다면, 미국의 모든 도시, 읍, 마을과 자치구에 처녀림 8에이커를 주민 소유로 제공할 수 있을 정도로 나무가 절감된다.

빛 반사율이 높은 지붕 재료

새 집을 건축하거나 지붕을 새로 설치할 거라면 빛 반사율이 높은 재료를 선택하라. 평균 1100킬로와트시의 에너지와 냉방비 90달러가량을 매년 절약할 수 있을 것이다. 자동 온도 조절 장치를 3도가량 조정함으로써 절약할 수 있는 것보다 많은 양이다. 새로 지은 집들 66채 중 한 채에 이런 지붕을 시공한다면, 절감된 총 에너지는 펜타곤 면적의 태양열 전지판에 의해 생성되는 에너지와 같다.

단열재

새 주택과 현재 거주 중인 집에 사용할 단열재로 재활용한 신문, 유리나 재생한 다른 소재로 생산된 단열재를 선택하라. 재활용한 단열재를 생산하기 위하여 필요한 에너지는 섬유유리 단열재 생산에 필요한 에너지의 6분의 1밖에 되지 않는다. 금년 미국에서 건축된 모든 새 주택들이 재활용한 단열재로 시공되었다면, 생산 과정에서 절감된 에너지는 앞으로 17년간 3만 5천 채의 주택을 냉난방할 수 있을 정도이다.

벽에 시공하는 단열 패널

건물을 지을 때 전통적인 목재 틀 대신 단열 콘크리트 벽 패널을 사용하는 것을 고려해보라. 이런 패널을 쓰면 춥거나 더울 때 온도 조절을 하기가 더 쉽기 때문에 연간 평균 천 킬로와트시의 에너지와 80달러를 절감할 수 있을 것이다. 금년에 새로 시공된 주택의 1퍼센트가 단열 벽 패널을 사용했다면, 연간 절약되는 에너지는 석탄 2137톤의 에너지와 같다. 3미터 높이로 거의 1600미터 길이의 벽을 쌓을 수 있는 석탄이다.

주방 조리대

내구성 있는 합성 재료나 페이퍼스톤, 테라초, 스테인리스 스틸이나 50~100퍼센트 재활용 소재로 된 타일 조리대를 선택한다면, 새로운 소재를 생산하는 과정에서 배출되는 쓰레기와 에너지를 줄일 수 있다. 그렇지만 주방용 조리대(스테인리스를 제외하고)는 거의 재활용할 수 없기 때문에, 환경을 위한 최선의 선택은 평균 10년에 한 번 하는 리모델링 때까지 사용할 수 있는 견고한 조리대를 선택하는 것이다. 금년에 설비된 모든 새 조리대가 두 배 오래 쓸 수 있게 제작되었다면, 길이가 북극에서 남극 대륙에까지 이르는 폭 75센티미터의 조리대를 만들 수 있는 돈이 절감될 것이다.

조경

거주 지역에서 자연적으로 자라는 식물로 집 주변을 꾸며보라. 이렇게 하면 풀을 벨 필요가 없다. 반면 잔디밭은 정기적으로 풀을 베어야만 한다. 휘발유로 작동하는 정원용 기계가 배출하는 가스는 미국의 대기 오염 가스의 5퍼센트를 차지한다. 매년 약 23억 리터의 휘발유를 소비하기 때문이다. 휘발유로 작동하는 잔디 깎는 기계는 보통의 새 차가 매시간 운행할 때 배출하는 가스보다 11배나 많은 대기 오염 물질을 배출한다.

조명

움직임 감지 장치, 감광 제어 장치 같은 더 효과적인 조명 시스템을 설치하라. 물론 형광등으로 설치하라. 표준 규격 백열전구 4개를 에너지를 66퍼센트 적게 소비하는 콤팩트 형광등으로 교체하면, 해마다 35달러를 절약할 수 있다. 미국의 모든 가정이 백열전구 한 개를 더 효율적인 전구 한 개로 바꾸기만 해도, 한 해 동안 250만 가정을 조명하기에 충분한 에너지가 절감될 것이다. 또 차량 80만 대가 배출하는 배기가스에 상당하는 온실 가스를 예방했을 것이다.

리놀륨 vs. 비닐 마루 재료

리놀륨은 천연자원으로 만드는 반면에 비닐 마루는 석유에서 추출한 플라스틱으로 만든다. 46평방미터에 비닐 마루 대신에 리놀륨 마루를 깐다면, 휘발유 45리터를 절약할 수 있다. 매년 미국에서 판매된 표면이 단단한 마루널 중 1퍼센트가 비닐 대신 리놀륨으로 시공된다면, 미국이 매일 이라크에서 수입하는 원유량과 거의 같은 60만 배럴의 원유가 절감될 것이다.

자연 그대로의 지형

건물을 시공할 때 자연 경관을 고려하면 건축 비용을 절감할 수 있다. 친환경적인 건물 부지는 부지 마련 비용, 기반 시설 구축 및 유지 비용, 특히 폭우에 대비한 비용을 줄이는데, 이는 자연 경관을 활용함으로써 관리될 수 있다. 절감되는 비용은 20퍼센트에 이르며, 향후 유지 비용도 줄일 수 있을 것이다.

집의 방향

대부분의 창이 북쪽이나 남쪽으로 향하고 있는 주택을 선택하면 상당한 에너지를 절약할 수 있다. 창문이 서쪽으로 향한 주택은 구입하지 말고, 집을 새로 지을 때도 창문을 서쪽으로 두지 말라. 이런 주택들은 하루 중 가장 더운 시간대에 햇빛을 직접 받기 때문에 냉방비가 25퍼센트가량 높게 나올 것이다.

페인트

100퍼센트 재활용한 페인트 1리터를 구매하면, 유독한 쓰레기 더미로 내던져지는 페인트 1리터가 줄 것이다. 대개 재활용한 페인트는 처음 생산된 페인트보다 평균 30~50퍼센트 정도 싸다. 새로 구입한 페인트 15통 중 한 통이 100퍼센트 재활용된 페인트였다면, 페인트 1억 5천만 리터가 절감될 것이다. 캘리포니아의 모든 포장도로를 감청색으로 칠할 수 있는 양이다. 재활용한 페인트를 사용할 수 없는 경우에, 특히 건물 내부를 칠할 때 오일 소재 페인트보다는 라텍스 페인트를 선택하라. 라텍스 페인트는 독소를 덜 내뿜으며, 석유 화학 제품도 덜 함유하고 있다. 또 더 쉽게 폐기 처분할 수 있다.

다공성 도로 포장

도로에서 집 차고에 이르는 진입로에 아스팔트 대신에 다공성 포장재를 사용해보라. 다공성 포장재는 빗물이 비정상적으로 흐르는 것을 막고, 하수 문제를 줄이고, 오물이 지하수로 유입되는 것을 막는 데 도움이 된다. 미국의 모든 아스팔트 주차장과 주택 진입로가 다공성 포장재로 교체된다면, 사우스 다코타 주 면적의 주차장을 만들기에 충분한 아스팔트를 절약했을 것이다.

지붕

재활용 소재로 생산된 밝은 색상의 지붕 재료를 사용하라. 집이 여름철에 더 시원하게 유지되어 '열섬(heat island)' 효과를 낮출 수 있을 것이다. 미국 건물의 90퍼센트는 지붕이 어둡게 채색되었다. 지붕이 더 시원해지면 여름철 냉방비가 절감되고(100평방미터 지붕에 35달러 정도), 전력 수요가 줄며, 대기 오염 물질 및 온실 가스 배출량이 줄어든다.

차양

건물 처마를 길게 내어 건축하고, 잎이 많은 나무를 심고, 나무 그늘

정자를 마련하거나 남쪽 혹은 서쪽 방향에 차양막을 설치하면 연간 냉난방비의 25퍼센트까지 절감할 수 있다. 보통 주택에서 매년 700킬로와트시의 에너지, 즉 56달러가량을 절약할 수 있다. 미국의 자가 소유자의 5퍼센트가 자기 집에 차양을 증설하면 연간 20억 킬로와트시의 에너지가 절감될 것이다. 피닉스의 모든 거주자들을 비행기에 태워 플로리다 주의 그늘진 해변으로 보내기에 충분한 에너지가 절감되는 것이다.

건축 부지 선택

직장이나 학교에 다니고, 쇼핑이나 그 밖의 일을 하러 가는 데 이동 거리와 시간이 최소로 드는 주택 부지를 선택하라. 집이 직장과 1킬로미터만 더 가까워져도 매년 통근 거리가 500킬로미터 줄어들고 휘발유 47리터를 절약할 수 있다. 새 주택 구입자 10명 중 한 명이 출퇴근 거리가 1킬로미터가량 짧아지는 주택 부지를 선택한다면, 매년 휘발유 500만 리터를 절약할 수 있을 것이다. 로스앤젤레스와 뉴욕 시 사이를 차로 만 번 이상 오갈 수 있는 연료가 절감되는 것이다.

경사지

비탈진 부지에 건물을 세우려 한다면, 건물을 부지에서 가장 경사가 덜한 부분에 지으면 침식 작용으로 인한 피해를 줄일 수 있을 뿐만 아니라 돈과 에너지를 절약할 수 있다. 평지로 만들기 위하여 경사지를 완만하게 하면 그 결과 엄청난 표토가 손실되고 퇴적물이 생기며 수

질이 오염된다. 게다가 땅을 고르는 기계는 에너지를 많이 사용하고
비용도 많이 든다. 어떤 경우라도, 언덕 사면에 자연적으로 자라는 초
목을 그대로 두고, 빗물 집수 시설을 시공하고, 그 지역 고유의 관목과
나무, 지면을 뒤덮는 식물로 경관을 꾸며 가파른 경사지를 손상시키
지 않도록 하라.

토양

주택을 건축하는 동안에 기반을 다지기 위하여 제거한 표토를 비축
한 다음 집이 완공된 후에 조경하게 될 빈터에 다시 사용하라. 재활용
구역이나 쓰레기 매립지로 표토를 운반하는 데 드는 에너지와 비용을
절약할 것이다. 흙이 더 필요하다면 100퍼센트 재활용한 퇴비나 뿌리
덮개를 활용하거나 구입하라.

태양열

태양열 전지판을 설치해 태양 에너지를 공짜로 이용하라. 태양열 전
지판을 설치하는 데는 비용이 많이 들지만 약 10년 후면 환불금과 세
액 공제를 통해 다 돌려받을 수 있을 것이다. 매일 지구에 살고 있는
66억의 인구가 27년간 쓸 수 있는 에너지보다 더 많은 태양 에너지가
지표면에 다다른다. 현재 우리는 태양 에너지의 1퍼센트 정도만을 이
용하고 있다.

태양열 온수기

태양열 온수기 설치에 대해 알아보라. 매년 에너지 비용으로 450달러를 절약할 수 있을 것이다. 태양열 온수기는 비싸고 설치비도 많이 들지만 에너지가 절약되고 세금 공제 혜택을 받아 3년만 지나면 그 차액을 보상받을 수 있다. 태양열 집전 장치로 한 사람이 매일 쓰는 95리터가량의 더운물을 데운다면, 값이 들지 않는 태양 에너지로 한 해에 1350억 달러를 절약할 수 있을 것이다.

화학 약품으로 처리한 목재

목제 테라스나 조경용으로 혹은 벤치용으로 화학 약품으로 가공한 목재 대신에 재활용한 플라스틱 판재를 사용하라. 가공한 목재로부터 독성 화학물질이 토양과 상수도로 흘러들어가는 것을 막고, 나무를 보호하고, 쓰레기 배출을 줄일 수 있을 것이다. 50퍼센트 재활용한 플라스틱 판재로 가로 2.4미터 세로 3미터짜리 테라스를 만들면 쓰레기 매립지에서 폐기되는 약 1700개의 플라스틱 우유병을 줄인 것과 같은 효과가 있다. 주택 테라스용으로 매년 구매된 가공한 목재 중 1퍼센트가 재활용한 플라스틱 판재로 교체된다면, 10억 병 이상의 플라스틱 병을 줄일 수 있고 400만 평방미터의 삼나무 숲을 보존하는 효과가 있을 것이다.

수목

집에 햇빛을 가려주는 나무(7.5미터 높이)를 서쪽에 두 그루, 동쪽에 한 그루 심으면 매년 냉난방비를 20퍼센트 이상 절약할 것이다. 냉난방 설비를 갖춘 주택의 25퍼센트만 주변에 햇빛을 가려주는 나무들을 심어도, 화력 발전소 3곳을 폐쇄해도 좋을 만큼 많은 에너지가 절약될 것이다.

창문

창유리 두 장짜리 창을 설치하고, 거주지의 기후에 적합한 창을 구입하라. 이렇게 하면 한 해에 에너지 비용을 400달러까지 절약할 수 있다. 모든 가정이 에너지 효율이 더 좋은 창문을 설치해 그만큼의 돈을 절약했다면, 매일 창을 통해서 새어나가는 에너지 비용인 1억 천만 달러를 절약했을 것이다.

방풍림

방풍림을 심으면 추운 겨울바람으로부터 집을 보호할 수 있다. 집의 북쪽이나 서쪽을 따라 촘촘히 한 줄로 상록수와 키 작은 나무를 심으면 된다. 방풍림의 높이는 집에서 방풍림을 심은 곳까지 거리의 2분의 1에서 4분의 1 정도는 되어야 한다(집에서 10미터 떨어진 곳에 방풍림을 심고 싶다면, 나무와 관목은 키가 5미터 정도여야 한다). 방풍림을 두면 난방용 에너지가 적게 든다. 매년 절약되는 에너지는 1400킬로와트시 이상이고 110달러를 줄일 수 있다. 전원주택 10가구 중 한 가구가 방풍림을 심었다면, 한 해 동안 알래스카의 5만 7천 가구 이상에서 필요한 난방유 에너지만큼이 절약될 것이다.

목재

 새 집을 한 채 지을 때 재활용한 목재를 사용하면 나무 88그루와 삼림 만 3천 평방미터 정도를 보호할 것이다. 재활용한 목재는 대부분 본래는 처녀림 나무로부터 생산된 것이기 때문에 표준 판재보다 질이 좋다. 재활용한 목재는 에너지 효율이 4배나 높고 수명이 3~4배나 길 것이다. 새 주택 6채 중에 한 채가 재활용한 판재를 사용했다면 요세미티 국립공원보다 넓은 삼림이 해마다 보존될 수 있을 것이다. 재활용한 목재를 거주지에 있는 목재 하치장에서 구입할 수 없다면 산림관리협의회의 인증을 받은 목재를 구매해보라. 구입한 목재가 친환경적인 방식으로 벌목되었다는 것을, 곧 훼손되기 쉬운 야생 동식물의 서식지나 상수도 또는 그 지역 사회에 해롭지 않다는 사실을 보증할 수 있을 것이다. 현재 산림관리협의회의 인증을 받은 숲은 61개국에 4650억 평방미터가 넘는다.

저스틴 팀벌레이크
Justin Timberlake

❝ 최근에 나는 아프리카를 여행했는데, 그 여행은 참으로 내 눈을 뜨게 해준 경험이었다. 그 여행은 전에 생각해본 적이 없는 곳으로 나를 데려다주었다. 그곳은 볼거리가 많은 곳이고, 돕고자 하는 마음이 생기는 곳이다. 그것은 일종의 교육이다.

우리는 에이즈 교육을 받고 있는 아이들을 만났다. 몇몇은 내 또래였다. 이곳에서 우리는 그런 것들을 5학년, 6학년 때 배운다!

그런 많은 일들에 나는 당황했다. 그곳에는 너무나 많은 문제들이 산적해 있고 도움이 필요한 사람이 너무나 많았기 때문이다. 그리고 그 모든 것이 환경, 그리고 환경과 우리가 맺는 관계, 우리가 스스로를 돕기 위하여 무엇을 할 수 있느냐 하는 문제로 귀결되었다.

물은 그처럼 커다란 이슈이고 식량 또한 그렇다. 그렇다면 당신은 그 모든 것이 어디에서 왔는지 생각해볼 것이다. 그러면 공중위생에 대해 생각하게 되고, 어떻게 그것이 질병을 유발하는지 고민해볼 것이다. 이미 말했듯이 거기에는 너무나 많은 요인이 있다.

나는 이 세상을 내 손으로 구원하고 싶었다. 마지못해 통계수치를 본 어떤 사람은 할 수 있는 한 많은 일을 하고자 하고, 가능하면 더 기여하고자 할 것이다. 하지만 그 일이 마라톤이지 단거리 경주가 아니라는 점을 깨닫게 될 것이다. 그래서 나의 시간과 에너지를 가장 효과적으로 쓸 수 있는 일을 원했다.

나는 당시 이 앨범 작업을 하고 있었다. 그리고 그 앨범을 위해 순회공연을 하리라는 것을 알았다. 그래서 탄소 상쇄(carbon offsetting)에 대해서 생각하는 것은 아주 이치에 맞는 일이었다. 그 모두가 나의 일정과 부합했다.

나는 정말로 내 순회공연을 보기 위해 당신이 얼마나 많은 배기가스를 배출하는지, 그리고 그 트럭들이 얼마만큼 배기가스를 배출하는지 생각해본 적이 없었다. 당신은 그저 모든 오염에 대해 생각하지 않는다. 그래서 나는 곧 순회공연을 할 것이고, 탄소 상쇄가 내 발자국에 엄청난 영향을 줄 것이다. 나는 일 년 내내 순회공연을 할 것이다. 그 일이 바로 지금 내가 할 수 있는 일이다. 💬

저스틴 팀벌레이크
팝 그룹 엔싱크 출신의 싱어송라이터.

THE GREEN BOOK

Chapter
12

탄소 중립으로
나아가기

Going Carbon Neutral

그린태그,
내가 배출한 탄소를 상쇄하는 방법

전반적인 상황

지구 온난화는 현실이다. 지구 대기의 평균 온도는 최근 수십 년 동안에 화씨 1도 정도 상승했다. 그리고 온도가 약간만 상승해도 이 푸른 행성에 엄청난 효과를 미친다. 예를 들면, 만년설이 녹고 있고, 해수면이 상승하고, 홍수가 잇따라 일어나고 있다. 지구 온난화는 심지어 폭풍우의 강도를 높일 수 있고 날씨 패턴을 변화시킬 수 있다.

지구 온난화는 다음과 같은 과정을 통해 일어난다. 태양은 매일 지구의 대기를 달구고 있다. 그 열은 지표면에 이른 뒤에 우주로 튕겨 나간다. 그러나 일부는 밖으로 빠져나가지 못한다. 그런 열이 없다면 빙하시대와 같을 것이다. 지구 온난화는 대기권에 남아 있는 열이 지나치게 많을 때 문제가 된다. 타는 듯이 뜨거운 사막을 생각해보라.

지구의 대기권 안에서 더 많은 열을 가두고 있는 주요 원소 중의 하나는 탄소이다. 특히 이산화탄소 형태로 존재하는 탄소 말이다. 우리 자신과 우리의 모든 활동이 원인이 된다. 기름, 석탄, 휘발유나 천연가스가 연소될 때 탄소가 대기 중으로 배출된다. 차를 타고, 집에 불을 켜고, 난방을 하고, 상품을 제조할 때 우리는 더 많은 탄소를 배출한다. 과학자가 아니어도 인류가 탄생한 이래로 우리가 이런 일을 점점 더 많이 해오고 있다는 사실을 충분히 인지할 수 있다.

나무는 인간에게 이로운 활동을 하기에 중요해졌다. 탄소를 흡수하고 탄소를 산소로 변화시키는 것이다. 하지만 우리가 가구나 건축 자재와 같은 목재 제품과 종이를 만들기 위하여 더 많은 나무를 베어내고, 가축류를 사육하기 위해서 산림을 제거하기 때문에, 공기로부터 탄소를 제거하는 삼림의 '자연 정화 능력' 은 점점 감소하고 있다.

우리는 현재 이런 세상에 살고 있다. 이 책에서 언급한 몇 가지 조언들을 따르면 우리는 대기로 흘려보내는 탄소량을 줄일 수 있다. 또는 한 걸음 더 나아가 탄소 배출을 '상쇄할 수도 있다.'

우리는 탄소 배출권(carbon credits)을 구매함으로써 우리에게 책임이 있는 탄소량을 상쇄할 수 있다. 탄소 배출권은 우리가 이용한 탄소를 흡수할 수 있도록 더 많은 나무를 심거나 탄소를 배출하지 않는 풍력이나 태양열 발전과 같은 '청정에너지' 에 자금을 대는 데 쓰인다. 청정에너지를 더 많이 사용하게 되면 탄소 가스를 배출하는 에너지원은 덜 쓰게 될 것이다. 과학자들은 우리가 일상에서 사용하는 탄소량을 측정하는 법을 발전시켜왔다. 그리고 탄소 가스 배출에 대한 개별적인 기여도를 한번 계산해보면 우리는 탄소 배출을 상쇄하는 길을 선택할 수 있을 것이다.

이런 방식이다. 우리는 차를 운전할 때 배출한 탄소량을 알 수 있다.

(계산 방법은 뒤에 나오는 공식을 참조하라.) 운전을 함으로써 한 달에 이산화탄소 136킬로그램을 배출한다면, 운전을 상쇄할 목적으로 그와 동일한 양의 탄소 상쇄 기금 증서를 구입할 수 있을 것이다.

탄소 상쇄 기금 증서는 청정에너지 프로젝트에 투자한 회사들에 의해서 판매되었다. 그들은 받은 돈을 전부 공동 출자해 더 많은 나무를 심거나 태양열 발전소나 풍력 발전 시설에 자금을 제공한다. 항공사들은 여객들에게 탄소 상쇄 여행을 옵션으로 제공하기 시작했는데, 탄소를 많이 배출하는 에너지를 사용하는 다른 회사들에서도 실행되고 있다. 탄소 상쇄 회사들은 인터넷에서 쉽게 찾을 수 있다.

때로는 '탄소 중립으로 나아가기'나 '그린태깅(greentagging)'으로 명명되는 탄소 상쇄는 다음과 같은 이유에서 중요하다. 빙붕이 지금과 같은 속도로 계속 녹는다면, 전 세계의 해안가 도시들 수백 곳은 말할 것도 없고 로스앤젤레스, 뉴욕, 마이애미, 뉴올리언스, 런던과 같은 도시들은 완전히 물속으로 가라앉을 것이다. 내륙에서는 가뭄이 발생할 것이고, 뒤를 이어 물과 식량이 부족해질 것이다. 자연 화재가 빈발할 것이고 동식물이 죽을 것이다. 사람들이 더 밀집해 거주함으로써 질병이 증가할 것이다. 그리고 천연자원은 점점 더 줄어들 것이다. 우리의 행성은 글자 그대로 죽어가기 시작할 것이다.

공상과학 영화 속 이야기같이 들릴 것이다. 하지만 그렇지 않다. 우리가 오늘날 직면하고 있는 최대로 중대한 문제이다.

탄소 상쇄는 단순히 우리의 습관을 바꾸는 것 이상의 노력을 요구하며 비용이 드는 일이다. 때로는 작은 일들이 쌓이고 쌓여 큰 일을 이루는 것이다.

이 모두를 염두에 두고 우리는 '손쉬운 행동들'을 고안해냈다. 전반적인 상황과 관련된 모든 중요한 사항들을 고려해볼 때, 다음과 같은 행동들을 실천하면 최소한의 노력으로 최대한 긍정적인 효과를 거둘 수 있다.

손쉬운 행동들

1 **비행기 여행의 탄소 상쇄.** 비행기 여행 1킬로미터당 0.18킬로그램의 이산화탄소를 배출한다. 따라서 약 5천 킬로미터에 달하는 왕복 여행을 한다면 이 값에 0.18을 곱하면 탄소 가스 배출에 대한 총 기여량인 이산화탄소 1톤가량을 얻을 수 있다.

연간 비행 거리 _____ (x 0.18) = 연간 총량 _____

2 **운전의 탄소 상쇄.** 경차를 소유하고 있다면 리터당 12.3킬로미터를 갈 수 있다는 계산을 하게 될 것이다. 당신이 사용하는 휘발유는 리터당 약 2.4킬로그램의 이산화탄소를 배출한다. 보통 자동차는 리터당 8.5킬로미터 정도를 간다. 킬로미터당 0.3킬로그램의 이산화탄소가 배출된다. 일반적인 미국 자동차의 탄소 발자국은 연간 이산화탄소 6톤에 달한다. 그러므로 계산을 해보자면, 1년간 연료 탱크에 주입한 리터 양을 쓰고, 주행 거리를 계산하기 위해 이 값에 8.5를 곱하라. 그런 다음 0.3을 곱하면 탄소 배출량이 나온다.

연간 주행 거리 _____ (x 0.3) = 연간 총량 _____

3 **가정용 에너지 사용의 탄소 상쇄.** 전기를 사용하면 킬로와트시당 평균 0.6킬로

그램의 이산화탄소가 배출된다. 천연가스를 사용하면 천 킬로칼로리당 평균 5.47킬로그램의 이산화탄소를 배출한다. 난방용 기름을 이용하면 리터당 평균 2.7킬로그램의 이산화탄소를 배출한다. 프로판 가스를 사용하면 리터당 1.5킬로그램의 이산화탄소를 배출한다.

연간 전력 사용량(킬로와트시) _____ (x 0.6) = 연간 총계 _____

연간 천연가스 사용량(천 킬로칼로리) _____ (x 5.47) = 연간 총계 _____

연간 가정용 난방 연료량(리터) _____ (x 2.7) = 연간 총계 _____

연간 프로판 가스 사용량(리터) _____ (x 1.5) = 연간 총계 _____

탄소 배출 총계 _____

탄소 배출 총계를 계산해보았다면, 그에 맞는 탄소 배출권을 구매함으로써 당신이 남긴 에너지 발자국을 쉽게 상쇄할 수 있을 것이다. 탄소 배출권은 대체로 톤당 12달러에 판매된다(1미국톤은 2천 파운드이다). 탄소 발자국을 축소하기 위하여, 그리고 그 결과로 상당한 액수에 이르는 탄소 배출권을 절약하기 위해서는 탄소 가스 배출을 상쇄할 필요가 있으며, 다음과 같은 제안들을 따를 수도 있다.

작은 실천들

에어컨

에어컨 설정 온도를 높이면 매년 100킬로그램의 탄소와 14달러를 절약할 수 있다.

자동차

에너지 효율이 더 좋은 차로 바꿔보라. 연비가 1킬로미터 개선될 때마다 탄소 배출량 280그램을 줄일 수 있다.

무임 수송 수단

걷거나 자전거를 타면 화석연료로부터 나오는 탄소 배출량이 제로가 된다.

난로

난방 설정 온도를 올리면 해마다 152킬로그램의 탄소를 절감할 수 있다. 휘발유는 매년 114킬로그램 절감할 수 있다.

단열재

주택의 문과 창문을 바람막이 재료로 단열 시공하면 전기의 경우 매년 100달러와 726킬로그램의 탄소를 절약할 수 있고, 기름의 경우 매년 454킬로그램의 탄소를, 가스의 경우 해마다 318킬로그램의 탄소를 절감할 수 있다.

집에서 쓰고 있는 온수기 둘레에 단열 덮개를 씌우면 전기의 경우 272킬로그램의 탄소와 38달러를, 기름 소비에서는 163킬로그램, 그리고 가스 사용에서는 118킬로그램의 탄소를 매년 절감할 수 있다.

백열전구

집에서 사용하는 종래의 백열전구를 절전형 형광등으로 바꿔보라. 27와트 절전형 형광등은 75와트의 백열전구를 대체하고, 18와트 형광등은 60와트의 백열등을 대체한다. 각각 27와트짜리 절전형 형광등을 사용할 경우, 매년 63.5킬로그램의 탄소 배출의 절감 효과를 얻게 될 것이고 12달러를 절약할 것이다. 18와트짜리 절전형 형광등마다 매년 9.5달러와 50킬로그램에 달하는 탄소 배출 절감 효과를 얻을 것이다.

대중 교통 수단

버스를 이용하라. 버스는 킬로미터당 약 800그램의 탄소를 배출한다. 그렇지만 버스 승객의 숫자로 나눔으로써 탄소 배출 절감을 실현할 수 있다.

재활용

재활용 역시 탄소 배출량을 절감한다. 재활용한 알루미늄 캔이나 스틸 캔 10개당 1.8킬로그램의 탄소를 절감하며, 재활용한 유리병 10개는 1.4킬로그램의 탄소를 절감한다. 신문을 재활용한다면 매년 22.7킬로그램의 탄소를 절감할 수 있다.

자동 온도 조절기

저녁에는 자동 온도 조절기를 돌려 온도를 낮추어라. 1도를 낮추면 난방비와 탄소 배출량이 약 1퍼센트 줄어든다. 밤새도록 집 온도를 낮추었거나 부재중일 때 반나절 정도만 10도가량 온도를 낮춰두면 약 10퍼센트를 절약할 수 있다.

물론 목표는 가능한 한 탄소 배출 제로 상태에 접근하는 것이다.
우리 모두가 이 책에 나온 대로 실천한다면 지구를 구할 수 있을 것이다.

감사의 글

《그린북》은 콜린 하월 박사 없이는 가능할 수 없었을지도 모른다. 그의 연구와 저술은 이 책을 완성하는 데 전반적인 도움을 주었다. 하월 박사에게 고마움을 전한다. 캐머런 디아즈와 윌리엄 맥도너는 《그린북》이 한 권의 책으로 출판되기에 앞서 이 책을 집필하는 데 도움을 주었다. 우리는 그들이 투여한 시간과 비전에 각별한 고마움을 전한다. 또 우리는 유쾌하고도 사려 깊은 그리고 통찰력 있는 개인적인 일화들을 담은 글을 시간을 들여 기꺼이 기고해준 모든 이들에게 고마움을 전하고 싶다. 엘런 드제너러스, 로버트 레드포드, 윌 페렐, 제니퍼 애니스턴, 팀 맥그로, 페이스 힐, 마사 스튜어트, 타이라 뱅크스, 데일 언하트 주니어, 티키 바버, 오언 윌슨 그리고 저스틴 팀벌레이크. 우리는 또한 다음에 소개하는 이들의 후원, 우정, 모범, 상담과 인내에 고마움을 전한다. 앤드루 베비, 피터 버그, 매리 초테보르스키, 빌리 코넬리, 줄리 다모디, 조이스 디프, 키스 이스터브룩, 스탠리 필즈, 티어니 기론, 제이드 거스, 제임스 호아퀸, 젬 호아퀸, 데비 레빈, 마크 렙셀터, 마티 레셈, 제시 루츠, 캐럴린 맥기니스, 린다 멜처, 개비 모거맨, 마이클 멀러, 엘리즈 피치, 수전 레이호퍼, 마거릿 샌더스, 제니퍼 스브란티, 린다 슈워츠, 이나 트레시오카스, 일래나 와이스, 레이철 야브루, 줄리 욘 그리고 케빈 욘.

찾아보기